請問植物醫生

2024年暢銷增訂

植物病蟲害
圖鑑＆防治

一本實用的
植物病蟲害圖鑑及工具書

　　作為一位台灣的植物醫生及樹木醫生，我們從經驗上都一直覺得「很不好當」，理由是人的醫生只看一種生物（人類）的疾病，還可再分成十多分科，讓各科專業醫師只負責精通一小科。而在動物醫生方面，一個獸醫大約也只看10種生物（貓、狗、牛、豬、羊、馬、雞、鴨、鵝等）的疾病。但在植物方面，一位植物醫生，例如在「台北市建國假日花市植物診所」，由我們團隊駐診的植物醫生，平常大概得面對200種常見植物的「疫病蟲害」，如果每一種植物有10個「疫病蟲害」，一乘下來就是2000種「疫病蟲害」。這龐大的植物種類及疫病蟲害種類，嚴格要講究的話，每一個診斷、每一個「防治處方」、加上每一個「預防、管理、預測、預警」等健康管理，都需要有「專業的知識及技術」為其基礎，並讓學生「看中學、做中學、教中學」，反覆「學而時習之」，方能達到類似「主治醫師」的「知識與技術」水平。所以，要當一位植物醫生及樹木醫生，必是十分辛苦的專業生涯，即在學習過程中的負擔是極重的，在教學過程上自然也是更重的擔子。

　　所以對於本書作者，也是出自台大植醫團隊、國立台灣大學「植物醫學碩士學位學程」第一屆畢業生的洪明毅植物醫生，肯花費相當多的時間，編寫這一本簡淺易懂的植物疫病蟲害介紹圖書，個人自當給予高度的推崇及感佩。因為從本書充滿精緻的插圖、照片，就可知其極欲分享讀者及社會大眾的用心與熱忱。

　　本書對於一般植物的蟲害、病害、非傳染性病害三大類症狀，都以淺顯易懂的文字，但不失專業地介紹，同時收集了重要的案例，並配合甚多精美的插圖、照片加以解說。實在已是十分具有教學、研究內涵的專業圖書。相信本書可以給一般對植物之愛好者及植醫、樹醫人員，提供一個極佳的參考平台。而對於一個初學植物醫生及樹木醫生的學生來說，更是一本十分有用的圖鑑及工具書。故熱烈期盼本書的付梓，能夠嘉惠植醫學界、農民、農企業、農藥學界、農科學生、園藝業者，以及一般的植物愛好者。

　　謹為推薦，並為之序。

國立台灣大學植物病理與微生物學系　教授

愛它，就要懂得照顧它

打造生態城市是進步國家的願景。台北的田園城市、新北的可食地景、高雄的景觀陽台，都鼓勵市民蒔花弄草、玩樹種菜。伴隨植物進入都市生活裡的是生物多樣性。因為植物，我們可以期待蝴蝶、蜜蜂、甲蟲、甚至是小鳥來到陽台、中庭及屋頂花園，為環境注入美麗的生態。但植物是活的，它需要呼吸、吸收水分和養分、利用陽光行光合作用來生產碳水化合物，也透過蒸散作用來散熱及改善微氣候。同時它也會生病，或是引來椿象、蚜蟲、介殼蟲等不受歡迎的生物。

有些生物會傷害植物。植物受到生物危害或是因不良生活環境而影響的反應，在近距離與植物的接觸下，應該很容易察覺，可以立即採取行動，以免植物或人畜受到影響。

植物的健康問題可分為慢性病和急性病兩類。像植穴過小、土壤夯實、過酸過鹼過黏、排水不良、日照不足等，會讓植物生長不良，長期下來走入死亡螺旋。急性病則多半與病蟲害相關，害蟲、壞菌的入侵，經常可以在短期間內讓植物立即枯死。有些病害是季節性的，不去管它也會自己痊癒。但有些病害如果不早期治療，就可能回天乏術。

以往人們喜歡採用系統性農藥防治病蟲害，卻也會造成植物吸收後全株有毒。因藥效過強、過久，反而讓人類和其他有益生物也同樣受害，所以現已漸漸少用。像以前大家肚子痛，就吃征露丸，吃了以後雖將胃裡的所有益菌、害菌通殺，但對身體也造成不良影響。因此現在都希望能對症下藥，免得殺敵一百，自傷五千。

在植物生病時能對症下藥，是很重要的。本書對各種植物的可能病蟲害，作了很完整的介紹，也提供了處置的方法。知道是哪一種病蟲害後，對於上網尋找更多防治方法，或是向植物醫生敘述病徵及病兆，都會更加具體，也可以盡早改善植物的健康。

讓植物和生物進入生活，是生態城市的夢想。但健康美麗的植物和生物，才適合與我們近距離相處，植物有問題千萬不要等，要請問植物醫生！

樹花園股份有限公司 董事長

創造好的栽培環境，
讓花草更健康！

人有生老病死，植物也會生病或是遭受蟲害及其他損傷。

但凡事出必有因，想要讓植物恢復健康有良好的生長，重點是如何去找到病蟲害的原因或來源？再加以觀察、鑑定、診斷、處置，便能有效促使植物健康發展。《請問植物醫生》可以引領讀者探索自己所種植的花木，為什麼會生病？生病的原因是什麼？為什麼會有蟲害？怎麼進行觀察診斷？如何「創造好環境」讓「病蟲害不靠近」？

《請問植物醫生》蒐整台灣地區常見的病蟲害實例相片，並繪製精美而淺顯易懂的插畫，製作實用簡潔好上手的表格，讓全書除了帶來賞心悅目的閱讀感受之外，我認為最難能可貴的是將這一門艱深難懂的「植物保護」學術與專業，轉化為簡單的科普知識，讓大眾得以一窺究竟。

一株生病的花木，如果要仔細地尋找及鑑定其病蟲害源，那是一定會找到的！但是，牠們有病、有蟲，是不是有「害」呢？如果沒有「害」，這樣還一定要去噴藥防治嗎？

《請問植物醫生》書中正是要大家多多去認識這些與我們生活常在卻陌生的病蟲害，了解這些病蟲害後，就不會因為陌生而害怕！此外，另一項較受到漠視的「生理障（礙）害」危害，本書也多有著墨，諸如：寒害、高溫燙傷、葉片日燒、盤根性障礙、排水不良等，將植物經常發生的危害狀況及處置方式盡收書中，這也是我們所應該關注的植物保護與防治課題。

我認為作者揭櫫「創造好環境，病蟲害不靠近！」是本書最佳的註解！病蟲障害有其階段性變化，但其始因常常就在於環境的不適，而且也正是我們喜歡將植物種在親近我們，卻遠離它們原生環境的地方所致。

所以，防治植物病蟲障害之鑰，在於先打造植物喜愛的環境條件，留意六大生長條件：日照、溫度、溼度、空氣（風力）、土壤、水，當調整成合適植物的栽培環境了，病蟲障害自然也就比較不會來了！

《請問植物醫生》值得喜愛植物、園藝、景觀、愛樹、護樹的人士細心閱讀，藉此可以領略植物保護的重要觀念和技術知識。這是一本值得我向大家鄭重推薦的好書！更是一本實用的寶典！

景觀專家、樹醫

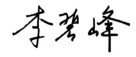

從預防開始，降低花草病蟲害！

從事園藝推廣教學二十幾年來，綜合愛花人最常提問的問題，不外乎「種什麼比較好？」「怎麼照顧才長得好？」以及最多人問的「我的植物怎麼了？」

這個「植物怎麼了？」問得簡單，回答卻可一點也不容易。

植物生長或外觀發生異狀的原因很多，不單是病菌或害蟲所引起的，也有可能是栽培管理不當所造成的生理性病害。所以我會反問更多問題，來進一步了解造成這株植物發生異狀的種種可能性。這時候我就會想，如果有這麼一本書，可以帶領愛花人藉由清晰正確的防治觀念傳遞，清楚的病蟲害照片可以按圖索驥，清潔少汙染的防治方法介紹，如此就可以讓愛花人自行解決大部分的問題。畢竟等找到人可以問時大多已經緩不濟急，上網搜尋更可能受到錯誤資訊誤導，反而有不當的處置，使植物的狀況更形惡化。

很高興見到台灣有出版社願意出版這樣的書籍，還邀請到專業的作者洪明毅先生精心策畫以及編撰、攝影，完成如此實用的書。年輕有為的洪先生是國立台灣大學植物醫學碩士學位學程研究所碩士畢業，擁有紮實的學理基礎，也經常接觸民眾提問或外出就診，對植物生長各種健康上的問題提供建議，所以能把學理上的艱澀內容，轉化成一般人也能理解的簡單說明。這本書的出版意義，就如書名的《請問植物醫生》。書中正確的內容、豐富的圖文，幫助愛花人在家裡就可以自行作診斷與防治。

通常花越種越多，病蟲害的問題也很容易越來越多。防範於未然，在問題發生之前，就作適當的處置，讓病蟲害發生機會減至最少，才是防治病蟲害的要旨。當然，這在書中都有介紹，如此還有不收藏這本書的理由嗎？

園藝研究家、「愛花人集合！」版主

陳坤燦

許您輕鬆認識
與應付常見花卉病蟲害的好書

　　人們喜愛植物，即使在現代化的居家環境，也經常栽培一些花草樹木或蔬菜水果等植物，美化我們的環境，也滿足心中對自然的渴望。但在業餘趣味栽培過程中，常因植物遭遇一些病蟲害導致生長不良、外觀不佳、甚至植株死亡，心裡充滿挫折、卻又束手無策！翻查網路或植物保護書刊資料，不是資訊紛亂、無所適從；就是所述植物為栽培作物，防治方法針對專業農民（例如網室栽培、嫁接、農藥防治…等），但不適用於趣味栽培上。

　　洪明毅先生是學有專精的植物醫生，國立台灣大學昆蟲學士和植物醫學碩士，本身也是國際ISA認證樹藝師，目前擔任「台大植物醫學團隊」的外診植醫，協助外界有需要的單位或個人進行「植物醫學外診服務」或「樹木健康檢查服務」，累積了豐富的案例和經驗；尤其，洪植醫於台大修習植物醫生碩士學程期間起，假日經常會到建國假日花市提供市民免費諮詢服務，也常在社區大學或綠化教室講授植物病蟲害防治的專業知識；所以非常瞭解家庭園藝栽培的市民大眾的需要、以及居家栽培重要的病蟲害種類及常見問題。因此，由洪植醫將植物病蟲害知識，結合在植醫外診服務、花市諮詢及教學經驗，編寫一本實用又清晰的圖鑑和檢索資訊，讓家庭園藝栽培的市民大眾可以輕鬆認識與應付常見花卉病蟲害，洪植醫是極佳的專業人選。

　　全書分五個章節，第一章「索引篇」藉由簡單清楚的檢索圖解，可以迅速查得所關注的植物病蟲害種類；第二章「觀念篇」是介紹植物病蟲害防治的重要觀念和知識；第三章「蟲害篇」和第四章「病害篇」佔全書最主要的篇幅，介紹家庭園藝常見的病蟲害種類，分別說明其：危害異常狀態及昆蟲型態或病害特徵、生態及危害習性、防治方法、常見受危害的植物，所附圖片都是居家或公園綠地常見植物危害情形，非常方便讀者對照與實際應用，最後則是第五章「防治篇」，詳述植物病蟲害居家簡便而有效的防治方法。此外，書中也編列一些企畫專欄和附錄，補充病蟲害防治的實用知識。

　　筆者在大學園藝科系任職多年，亦長期從事家庭園藝推廣活動，拜讀本書後仍覺得獲益良多、解除不少病蟲害方面的疑惑。相信本書對於居家和社區綠美化植物的愛好者，在面臨植物病蟲害方面的困擾時，對瞭解病因或害蟲種類、進而掌握正確地防治方法，可以提供良好的助益，因此樂意推薦與讀者共享！

臺灣大學園藝暨景觀學系教授

城市種菜正流行，
《請問植物醫生》
讓您成為真正的種菜達人

　　世界各國先進文明的城市都在推動綠美化，讓都市更適合居住，使人們可以放鬆心情，減少壓力，增加休閒的項目，甚至是拉近人與人間的距離，而最「食尚」的做法莫過於自己種菜了。

　　「田園城市」也因此成為國際各大著名城市想要推廣的目標，我們推廣城市屋頂空地種菜十餘年，常遇到許多客人還沒種，就會問我「有蟲咬菜時該怎麼辦」、「會不會種了菜反而引來很多菜蟲」，我就會告訴他這就是生態，我們很難去消滅一種病蟲害，讓牠永遠不發生，但是我們可以藉由認識牠，然後知道如何防範，有效減少牠的侵擾，也讓我們的生態與供需達成平衡，這才是最友善自然的方式。網路上也有很多介紹有機忌避的方式，包含加蓋防蟲網等，或是採取最立即的方式—親自動手去抓蟲，降低蔬菜的危害。

　　隨著田園城市的推廣，從學校、社區、醫院、機關團體、公司行號到一般住家個人，種菜的人越來越多，大家都是懷抱「吃到自己親手種植蔬菜」的樂趣，但也常會遇到一些挫折，有些里長跟我說，里民們種菜種得很開心，可是抓蟲常會抓得很累！因此，讓愛種菜、種花的朋友去了解病蟲害、並且有實際可行的方法減少病蟲害，進而達到防治，這課題也變得相當重要。未來我們不但要幫忙規畫如何種植，告訴大家四季適種的植物種類、怎麼施肥、如何澆水，還要加上病蟲害防治的祕訣，如此不成為種菜達人都很難！

　　《請問植物醫生》就是一本能讓大眾簡單辨識植物病蟲害、簡單防治病蟲害的書籍。藉由洪明毅先生深入淺出的介紹，讓已經在種菜種花的朋友，可以自行鑑定及防治病蟲害；還沒種的朋友，也可以事前瞭解病蟲害的預防方式。有了這本實用的植物病蟲害防治指南，相信大家會更有意願體驗居家園藝種植的樂趣，「田園城市」是指日可待的。

育材自動澆水種菜箱研發設計
開心田園樂種菜達人

蔣直成

人人都是植物醫生
人人都是綠手指

哎呀，花市買回來的植物又死了！

「我很喜歡種花，每次看到花花草草就忍不住想種種看。」

「照著老闆說的方法照顧了，但總是活不過三個月呢！」

「沒辦法，誰叫我是黑手指。」鄰居媽媽感嘆地說。

這位媽媽的煩惱，是否也是你的煩惱呢？花草買回來時明明很健康，也照著植物特性，給它充足的陽光、水分及肥料。但種植一段時間後，卻忽然變得垂頭喪氣，葉子不是黑掉，就是掉個精光，過沒多久整株植物就死掉了。其實，讓你成為「黑手指」的原因，可能就是有病蟲害讓「植物生病了」！

就算是最健康的植物，也會生病！

植物長得健康漂亮，是每個種花人最大的心願。我自己也喜歡種植一些花花草草，看著植物從種子發芽、成長、開花到結果，那種成就感，是一種療癒人心的力量。

然而，就算是最健康的植物，也會生病。植物的生老病死本來就是一種自然現象，昆蟲及微生物的取食和寄生，形成了一條條的食物鏈，交織串成一整個自然生態系。直到人類開始種植作物，隨著關心程度的不同，「我們照顧的植物」一旦受到危害，這些昆蟲及微生物才變成「病蟲害」。

都市園藝所種植的花草和農業生產不同，是以觀賞及趣味為主要目的，我們對這些植物的關心程度，達到前所未有的高峰。但是不管再怎麼細心照顧，有時候植物就像「夭折」一樣，上個星期明明還好好的，這次去澆水才發現早已全軍覆沒，植物病蟲害來襲的速度之快，常常讓我們措手不及、無所適從。這種難過的心情，相信花友們一定都能體會，尤其是當植物代表著更多意義時，更是讓人沮喪。

植物長得健康漂亮，是每個種花人最大的心願。如果能早一點進行植物健康檢查，那麼在生病初期就能馬上進行防治，植物自然常保健康。

　　我過去在為植物進行健康檢查時，除了看到各式各樣的病蟲害，還可以聽到許多不同故事：一個綠豆芽，是國小弟弟的作業，可不能種死了；一株三盆一百的仙人掌，是情侶的定情物，死了就要分手了；一棵土芒果，是某天的飯後水果，奶奶親手種下的，現在已經長成大樹。一片荒廢的頂樓花園，數不清的蘭花，是爺爺最心愛的寶貝。

　　這些花草植物已經不只是園藝而已，它們早已經走入生活，是我們家中的一分子。

　　面對這些生病的花草家人，如果已經「病入膏肓」，通常就難以治療了。只有在病蟲害尚不嚴重時，及時給予防治，才有一線生機。因此，如果可以時常進行植物健康檢查，看看有沒有害蟲？發生了什麼病害？那麼在生病初期就能馬上進行防治，植物自然常保健康。

「人人都是植物醫生」

　　《請問植物醫生：植物病蟲害圖鑑與防治》就是一本讓你自己進行植物健康檢查的實用書，從選購時的檢查，種植時要注意的病蟲害，到發生了病蟲害的防治，下次要怎麼預防，都可以在書中找到答案。當然，書中也有病蟲害的科普知識，讓你對植物「敵人」有更深一層認識。這本書所傳遞的資訊與方法，希望能讓人人都是植物醫生、人人都是綠手指。

　　本書得以順利付梓，要感謝陳思羽小姐、吳怡慧小姐、葉洹宇先生、林奕德先生、李韋辰先生、吳旭甫先生、陳禹安先生提供研究及相片，感謝孫岩章教授的審訂，以及麥浩斯出版社同仁這段時間的引導與協助，讓這本書可以更臻完美。最後要感謝我的朋友和家人給予支持，你們的鼓勵與協助，一直是我最大的動力。

木本植物顧問公司 樹醫生

洪明毅

🔍 如何使用本書

《請問植物醫生》是一本讓你可以自行診斷常見病蟲害的指南，書裡也提供無毒的防治配方，解決種植時討厭的病蟲害狀況。不管你對病蟲害是毫無概念，還是已有一定了解，都能找到實用的流程及方法，更好、更快的解決植物生病問題。

1 鑑定病蟲害

快速診斷

① 索引篇，提供直覺看圖診斷植物病蟲害的方法，讓你透過對照植物生病的異常狀態，快速找到發生原因，進而找到應對方法。

逐步鑑定

② 蟲害篇、③ 病害篇，每個小節附有病徵圖 🔍觀察診斷，花草是破洞？長斑？皺縮？跟著圖鑑循序漸進就能找到原因。

運用工具

p48 🖐 間接診斷簡易檢索表，透過植物受危害後所出現的異常樣貌，找到害蟲！

p238 🖐 植物醫生診斷表，藉由記錄植物習性、栽培環境、照顧方式、異常狀態，先對植物有個大致了解，再查詢 ① 索引篇或 🔍觀察診斷 順利解決問題。

2 了解病蟲害

病蟲害圖鑑

Chapter 3 蟲害篇、 Chapter 4 病害篇，蒐整了70種病蟲害，一一詳細介紹病蟲害生態、危害習性和防治方法等實用資訊，配合多張清晰病徵圖片，讓判斷更準確。

病徵描述：植株發生的明顯異狀。

病蟲害分類：害蟲依取食口器（咀嚼式、刺吸式）和型態分類；病害依傳染性病原（真菌、細菌、病毒）和非傳染性分類。

病蟲害中文名稱、學名或英文俗名

病蟲害危害植物的生態、過程

病徵、病蟲害型態特寫

舉例植物和學名

病蟲害經常危害的部位

好發的時期、氣候、環境

植物受害的異常外觀介紹

害蟲型態

防治方法

常見受危害的植物

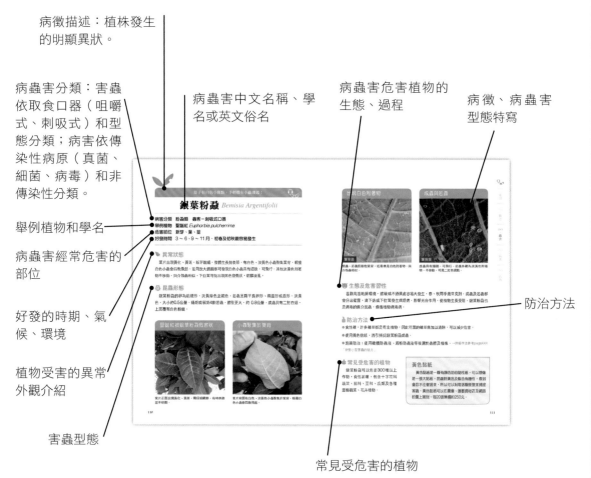

3 防治病蟲害

管理與治療

Chapter 5 防治篇提供了預防和治療方法，幫助你避免病蟲害再次發生，或是減少發生的嚴重度。一般園藝種植的規模小，跟我們的生活環境靠近，因此化學防治方法不是首選，這邊提供4種配方，讓你可以自行製作防蟲抗病的藥劑，供防治使用。

Chapter 1
我的植物怎麼了—
速查植物病蟲害

Chapter 2
為什麼我的植物會生病？
—觀念篇

Chapter 3
找出植物生病的原因
—蟲害篇

🔍 觀察診斷

Chapter
4

找出植物生病的原因
—病害篇

🔍 觀察診斷

葉子上面有斑點、燒焦貌！ | 169

我的植物怎麼了？
──速查植物病蟲害

「新芽上有黃色小蟲附著！」「葉片出現小破洞！」看見植物不像
以前那麼健康漂亮時，大家最想問的就是：「我的植物怎麼了？」
為了讓你能更直覺地對照圖片，找到植物衰弱的原因，
首先整理出各種常見的奇怪徵狀，幫助速查進而解決問題。

根部腐爛，變成褐、黑色

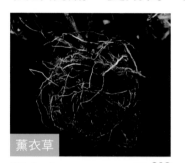

薰衣草

根腐病　　　page **208**

根部變褐、黑色，葉子萎凋。

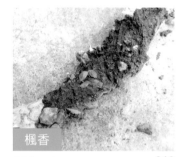

楓香

褐根病　　　page **212**

根部沾黏土壤，內部有褐色網紋。

丹參

細菌性軟腐　　　page **216**

莖冠部及根部變黑色，葉子萎凋。

我的植物怎麼了 樹幹、枝條 植物莖部的汁液，不但害蟲喜歡吸食，而且也會透過莖部的維管束組織感染病害。

莖上面有異物附著

梔子花

介殼蟲類　　　page **112**

枝條上有咖啡色的異物附著。

竹

介殼蟲類　　　page **114**

枝條上有灰色的異物附著。

樟樹

介殼蟲類　　　page **108**

枝條上有白色的異物附著。

莖部出現斑點，或流出黏稠的膠狀液體

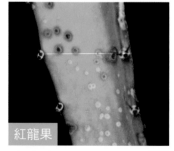

紅龍果

潰瘍病　　　page **204**

莖出現一點一點的突起。

多肉植物

莖腐病　　　page **204**

莖出現大小紅色斑點。

桃

流膠病　　　page **206**

莖部流出黏稠膠狀液體。

樹幹靠近土壤的地方長出菌體

榕樹

褐根病 page 212

樹幹基部有褐色菌體由下往上包覆。

榕樹

靈芝病 page 210

根部附近土壤長出靈芝。

黃色的線纏繞

長春花

菟絲子 page 198

植株上面出現黃色的線纏繞。

我的植物怎麼了 新芽 新芽是植物的生長點，也是植物最幼嫩的部位，因此常吸引昆蟲啃食。

新芽上有小蟲附著

馬利筋

蚜蟲類 page 132

新芽有黃色小蟲附著。

樟樹

蚜蟲類 page 132

新芽有綠、褐色小蟲附著。

羅漢松

蚜蟲類 page 134

新芽有紅色小蟲附著。

新芽整個不見，或有破洞

蕹菜

蝸牛、蛞蝓類 page 50~57

新芽整個被吃掉。

薄荷

蝸牛、蛞蝓類 page 50~57

新芽出現破洞，或呈半透明狀。

新芽皺縮

紫蘇

粉介殼蟲 page 120~131

新芽、葉片皺縮，伸展不開。

我的植物怎麼了 葉 葉片行光合作用，生產養分，是植物營養價值最高的部位，也是病蟲害喜歡取食的地方。

葉片有粉狀物

小黃瓜

白粉病 page 170

葉片有白色圓點粉狀物，集合形成一片粉白。

紫薇

白粉病 page 170

葉片有白色粉狀物，導致葉片畸形。

麒麟花

灰黴病 page 174

葉從邊緣呈V型褐化，滿布灰色粉狀物。

葉片有白色小點，多時葉片像褪色

杜鵑

軍配蟲 page 96~101

葉片出現白色小點，集合成一大片白斑。

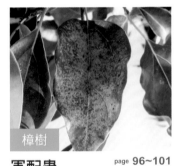

樟樹

軍配蟲 page 96~101

葉片出現白色小點，集合成一大片白斑。

桃

葉蟬類 page 102

葉片有白色小點，輕撥有小蟲飛起。

草莓

葉蟎類 page 148~157

葉片有白色小點，背面有小蟲。

天使花

葉蟎類 page 148~157

葉片有白色小點，上面有紅色小蟲。

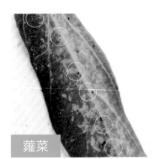

蕹菜

葉蟎類 page 148~157

葉片上面有白色小點，上面有小蟲。

葉片有白色附著物

月橘

介殼蟲類
page 108

葉片有圓形附著物。

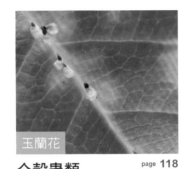

玉蘭花

介殼蟲類
page 118

葉片有扇形附著物。

番石榴

粉介殼蟲類
page 120~131

葉片背面有白色毛狀物附著。

葉片有白色附著物

甘藷

瘤緣椿象
page 100

葉片背面有白色小蟲。

葉背有紅色的斑點

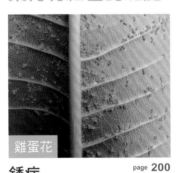

雞蛋花

銹病
page 200

葉背有紅色突起的小斑點。

酢醬草

銹病
page 200

葉背有紅色突起的小斑點。

葉片有灰色附著物

榕樹

介殼蟲類
page 108~119

葉片有灰色附著物，但葉片一樣綠。

鵝掌藤

介殼蟲類
page 108~119

葉上有灰色附著物，葉片黃化。

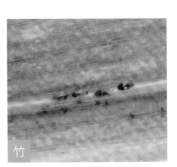

竹

介殼蟲類
page 108~119

葉上有灰色附著物，葉片黃化。

葉片有黃色的斑點

小黃瓜

露菌病
page **190**

葉片出現方塊狀的黃斑。

福木

炭疽病
page **176**

葉片周圍出現黃斑，逐漸擴大。

松

葉震病
page **192**

針葉出現細小黃斑。

雞蛋花

銹病
page **200**

葉正面出現細小黃斑。

雞蛋花

銹病
page **200**

葉背可見大量黃色孢子堆。

福木

葉片日燒
page **226**

葉片特定角度出現黃斑。

葉片有黑色的斑點

毛蕚口紅花

炭疽病
page **176**

葉片出現黑色小斑點，逐漸擴大。

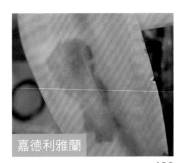

嘉德利雅蘭

細菌性斑點
page **186**

葉片出現黑斑點，觸感軟爛。

玫瑰

黑斑病
page **182**

葉片出現黑色斑點。

葉面出現像地圖的彎曲條紋

九層塔

潛葉類 ^{page} **88~91**

葉片出現白色線狀圖案。

白水木

潛葉類 ^{page} **88~91**

葉片出現黑色線狀圖案。

番茄

潛葉類 ^{page} **88~91**

葉片出現白色線狀圖案。

葉片有異常突起

象牙木

木蝨類 ^{page} **138~143**

葉片出現像青春痘的突起。

樟樹

木蝨類 ^{page} **138~143**

葉片有紅色突起。

破布子

蜱蟎類 ^{page} **144~147**

葉片出現像青春痘的突起。

葉片擠在一起，伸展不開

日日櫻

粉介殼蟲類 ^{page} **120~131**

葉子伸展不開，有白色附著物。

繡球花

木蝨類 ^{page} **138~143**

葉片畸形，伸展不開。

薄荷

粉介殼蟲類 ^{page} **120~131**

葉子伸展不開，並捲起來。

整片葉捲起，上或有斑點

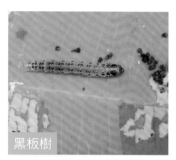

捲葉蟲類 page 70、72、84

葉片被捲起來啃食，打開裡面有毛毛蟲。

捲葉蟲類 page 70、72、84

葉片被捲起來啃食，打開裡面有毛毛蟲。

薊馬類 page 146

新葉對半包起來，裡面有黑色小蟲。

葉背面有小蟲

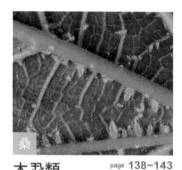

木蝨類 page 138~143

葉背葉脈有木蝨吸食汁液。

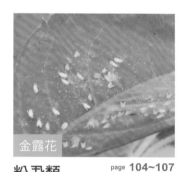

粉蝨類 page 104~107

葉背有白色粉蝨。

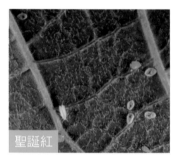

粉蝨類 page 104~107

葉背有白色粉蝨。

葉背面有小蟲、黑色排泄物

軍配蟲類 page 96~101

葉背有黑點狀排泄物。

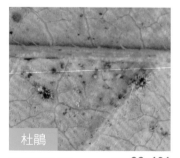

軍配蟲類 page 96~101

葉背面可發現若蟲脫皮。

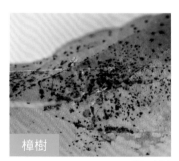

軍配蟲類 page 96~101

葉背有黑點狀排泄物。

葉出現小破洞、半透明的破洞（破洞：葉子從中間穿孔）

甘藷

甲蟲類 page 58~69

葉片出現不規則小破洞。

高麗菜

甲蟲類 page 58~69

葉片出現不規則小破洞，或半透明的破洞。

瓜類

甲蟲類 page 58~69

葉片出現不規則小破洞，或半透明的破洞。

葉片出現缺刻，或只剩葉脈（缺刻：葉子從周圍缺少）

杜鵑

葉蜂類 page 76~79

葉片被取食，嚴重時只剩葉脈。

大頭菜

毛毛蟲類 page 70~87

葉片被取食，嚴重時只剩葉脈。

紫薇

毛毛蟲類 page 70~87

葉片被取食，造成缺刻。

葉片從葉尖開始褐化、乾枯

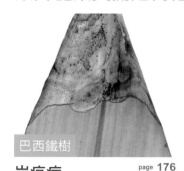

巴西鐵樹

炭疽病 page 176

從葉尖開始褐化，乾枯部位有輪紋及黑點。

桂花

褐斑病 page 194

從葉尖開始褐化，乾枯部位有黑點。

黃椰子

高溫燙傷 page 225

接觸到高溫物體的葉部變黑。

葉子垂頭喪氣，開始萎凋

薰衣草

根腐病 　　　page 208
葉子凋萎，最後枯死。

巴西鐵樹

盤根性障礙 　　　page 228
葉子垂頭喪氣，澆水過後恢復，但很快又萎凋。

丹參

細菌性軟腐 　　　page 216
葉子垂頭喪氣，但還是保持綠色。

鵝掌藤

高溫燙傷 　　　page 225
冷氣機熱風排出口的植物萎凋。

彩葉草

暫時性萎凋 　　　page 219
葉子垂頭喪氣，但澆水後很快就恢復。

肉桂

褐根病 　　　page 212
葉子急速萎凋、乾枯，掛在樹上不落葉。

葉脈之間黃化，但葉脈保持綠色

仙丹花

缺鐵 　　　page 223
完全展開的新葉，葉脈間黃化。

艷紫荊

缺鎂 　　　page 220
老葉葉脈間黃化。

檸檬

缺錳 　　　page 224
新葉葉脈間黃化，後期出現壞疽。

爲什麼我的植物會生病？
—觀念篇

「就算盡了最大努力照顧，我的植物還是垂頭喪氣的……」
究其原因，很可能是病蟲害正在危害你的植物！
其實人類自有農業以來，就開始與病蟲害角力，
而且當植物離開了自然的生態環境，也更容易生病！

人類自古就有病蟲害的煩惱

從我們的祖先開始種植作物，也就是開始有了農業以後，人類跟病蟲就開始了戰爭。我們的祖先發現，這些討厭的蟲子不只會叮人，還會攻擊作物！人類這時候才意識到，這些昆蟲甚至對我們的生存產生威脅，因為食物如果都被蟲子吃掉，人類就要餓死了。

因此，我們可以在一些古文明像是中國、蘇美文化、埃及的文獻裡，發現上頭記錄著許多「病蟲害防治的方法」，時間甚至可以追溯到3000年前。那時候記錄的防治方法很多像是宗教儀式，如今看來是迷信，但其中也包括很多真正科學有效的方式，甚至我們現在也還在使用，例如使用含硫的無機化合物，來防治蟲害及病害的辦法。

石灰硫磺合劑

石灰硫磺合劑由石灰、硫磺加水煮製而成，比例為生石灰：硫磺：水＝1：2：10。製成後的主要有效成分是多硫化鈣（CaS），外觀為紅色、有臭味的液體。這個配方的使用已經有相當歷史，人類很早就知道含硫的無機化合物能防治多種病蟲害。在化學合成農藥開始使用以前，石灰、硫磺是防治害蟲的主要資材，像是單獨使用石灰粉防治蚜蟲，或使用硫磺拌草木灰撒布防治病害。

到了近代，由於人口增加，人類對糧食的需求提高，對大規模農業生產的依賴也逐漸增加。隨著種植單一作物的規模越來越大，一旦受到病蟲害的侵襲而缺少防治方法時，受到的損失就相當可觀，甚至會因為歉收而造成飢荒！

歷史上的病蟲害：洋基甲蟲入侵歐洲！

原生於北美洲的科羅拉多金花蟲，西元1840年隨著航海貨物來到了歐洲。因為歐洲沒有科羅拉多金花蟲的天敵，牠們隨即大量繁殖，並且對馬鈴薯農業造成了大破壞！第二次世界大戰時，納粹黨政權及蘇聯甚至以「洋基甲蟲」來宣傳，聲稱這些科羅拉多金花蟲是由美國所投放的（洋基「Yankees」是歐洲人對美國人的暱稱）。一直到西元1950年，化學合成殺蟲劑的出現，科羅拉多金花蟲才得到控制。

科羅拉多金花蟲於19世紀對歐洲馬鈴薯農業造成了非常大的破壞。

第二次世界大戰時，納粹黨政權及蘇聯宣稱「洋基甲蟲」是由美軍轟炸機空投來的，德國甚至在當時的宣傳海報繪製「美軍戰鬥機空投金花蟲」。

歷史上的病蟲害：可怕的愛爾蘭大飢荒！

西元1845～1852年間，英國統治的愛爾蘭因為馬鈴薯歉收，導致100萬人死亡，160萬人移民，罪魁禍首就是馬鈴薯的晚疫病！當時愛爾蘭800萬人口以馬鈴薯為主食，隨著人口增加，糧食供給壓力越來越大，因此當地人選擇種植單一高產量的馬鈴薯品種，增加收成。結果造成晚疫病一發不可收拾，加上缺乏適當的防治方法，釀成了這起悲劇。

自然界的植物也會生病嗎？

自然界中存在各式各樣的生物，每種生物都有自己的生態地位，像是生產者、消費者、二級消費者及分解者，組成一個平衡的食物鏈，再放大一點，也就是我們熟知的生態系。

一個達到平衡的森林，可以發現有各式各樣的植物、動物及微生物，每種生物都有一定的取食與被取食的關係，所以每種生物的族群數量都受到限制，相對的生物多樣性也會比較高。

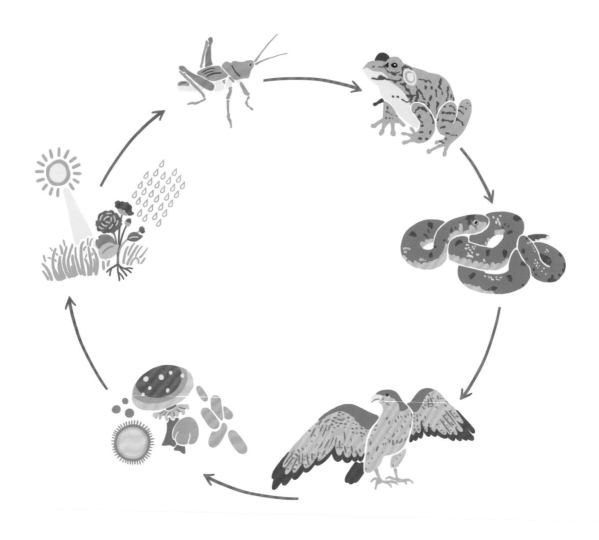

原來「病蟲害」是正常的生態現象

　　舉例來說，一隻毛毛蟲吃了植物以後，鳥又吃掉了毛毛蟲，「掠食食物鏈」就這樣開始了。「腐生食物鏈」也是一樣，腐生真菌取食落葉或是動物的糞便，把養分再度分解回到土壤之中，造就了另外一條食物鏈。即使是病原性的真菌也是一樣，感染侵入了植物，導致整株植物枯死，死掉的植物被腐生真菌分解，養分又再度回到土壤中。

　　這也就是為什麼，我們很少在自然環境中發現大量的同一種生物，就算是「病蟲害」也是一樣。這些害蟲、真菌及細菌，也是自然界食物鏈的一環，在生態系中扮演著自己的角色。

昆蟲啃咬植物、病原性的真菌感染侵入植物，導致整株植物枯死，其實都是食物鏈的一環。

　　因此，植物病蟲害的這個「害」，是人類所定義的。在自然界中，任何生物都是食物鏈的一環，取食與被取食者巧妙地維持動態平衡，並沒有「優」與「劣」之分。但如果受害的是人類所關心的蔬果，或是園藝花卉，這些「取食者」就變成了「有害生物」，也就是「對人類利益有害的生物」。

自然界發生「病蟲害」只是食物鏈的一環，如同雜草被甲蟲取食。

人為的環境，更容易發生病蟲害

我們的農業及園藝環境，為了提高生產，傾向在同一個地方種植大量、單一品種的作物。或如我們的花壇、花圃及陽台，為了美觀需要，往往也只種植少數幾種植物。另外像是都市環境本來就缺少生物多樣性，所以一旦發生病蟲害，缺少天敵維持食物鏈的平衡，我們的植物往往損失慘重。

杜鵑花

如果病蟲害發生在我們關心的植物，那就不一樣了，就像杜鵑花被葉蜂取食。

病蟲害喜歡吃哪些植物部位？

花、果實 生殖生長

養分集中運送部位，開花結
果期病蟲害加劇。

新芽 頂端生長

最幼嫩美味的部位，
吸引咀嚼式口器的生
物啃食。

葉 光合作用

營養價值最高，病蟲
害喜取食。

莖 輸導作用

刺吸式口器的生物經
常吸取莖部的汁液。

巴西野牡丹

新芽 頂端生長

植物跟動物不一樣，不是所有部位都會生長。植物只會在特定的地方進行生長，開枝散葉，這地方稱為「生長點」。植物的生長點包括莖部及根部的頂端，木本植物則還有樹皮下的形成層。莖部的頂端我們又稱之為「新芽」，是最幼嫩的部位。

新芽是莖部頂端生長的新葉，也是植物最幼嫩的部位。

[咀嚼式口器的甲蟲、毛毛蟲、蝸牛、蛞蝓等經常啃食新芽。]

由於新芽最幼嫩，因此是許多動物及昆蟲喜歡吃的部位，像是咀嚼式口器的甲蟲、毛毛蟲、蝸牛、蛞蝓等都經常啃食，甚至把整個新芽都吃光。由於生長點一旦被摧毀，便無法回復，在防治上務必多加檢查，保持健康。

葉 光合作用

植物的光合作用倚賴綠色葉子的葉綠體，將由氣孔進入的二氧化碳固定成醣類，同時釋放出氧氣。所有動物及人類都仰賴光合作用產生的醣類及氧氣，因此也可以說所有生命都仰賴著光合作用。

植物缺水的時候會關閉氣孔，避免水分過度蒸散，由於二氧化碳是由氣孔進出，所以一旦氣孔關閉，光合作用也就停止了。所以，植物對於缺水的第一個反應，就是停止光合作用，也就是停止生長。

葉片是植物行光合作用、生產養分的器官。

[葉片營養多，病害或蟲害都喜歡取食葉片。]

由於是植物生產養分的器官，營養價值也最高，所以不管是病害或蟲害都喜歡取食葉片。甚至我們可以這樣說，葉片是人類對抗病蟲害的戰場：只要葉片健康，植物也就健康了。

莖 輸導作用

植物的輸導組織叫作「維管束組織」，它跟人類的血液系統不同，並不是循環系統，因為它並不會循環。植物有兩套維管束組織：木質部及韌皮部。木質部負責由下往上輸送水分，從根毛開始，經過莖，通過葉脈，最後到達葉片組織。其中我們俗稱的「肥料」——無機鹽類養分也是藉由木質部運送。韌皮部負責由上往下運送醣類，從葉片開始，最後到達根毛，光合作用產生的醣類及其他物質都是藉由韌皮部，輸送到植物各部位。

植物有兩套維管束組織：木質部及韌皮部。木質部負責由下往上輸送水分。

〔刺吸式口器的昆蟲會吸取植物莖部的汁液，傳播的病害會透過輸導系統感染整株植物。〕

刺吸式口器的蚜蟲吸食韌皮部的汁液，葉蟬則吸食木質部的汁液，除了造成植物營養流失，也可能傳播病害。由於輸導系統貫通整株植物，這些病害也會隨之感染整株植物。因此要防治這些「系統性」病害，首先便是要防治這些刺吸式口器害蟲。

花、果實 生殖生長

不同於營養生長的葉片，花、果實被歸類成生殖生長。花是由生長點分化而來，花的基部則是子房，它未來會包含種子，有些植物則會膨大產生果實。一般來說，生殖生長與營養生長有著競爭關係，這也就是為什麼葉片長太好的植物，往往花都開得不好。

花和果實是植物的生殖器官。

〔開花結果期病蟲害往往加劇。〕

在開花結果期間，植物像是照顧小孩一般，會將養分集中往花及果實運送，這個原理病蟲害也知道，因此這個時期的危害也會加劇，防治上要特別注意。

化學合成農藥是不是都很毒？

　　隨著媒體大肆報導農藥殘留超標的問題，化學合成農藥常常被貼上「很毒」的標籤，令人避之唯恐不及。那麼，所謂的「很毒」，到底是多毒呢？

　　事實上，「毒」的概念是建立在「劑量」，或者可以這樣說：「劑量決定毒性」。一個東西吃下去有沒有毒，是取決於到底吃了多少。就像我們每天煮飯炒菜都不可缺少的調味料「食鹽」，如果適量攝取不但沒有毒，還可以讓我們更健康。但如果一口氣吃下很多的話，那可就要「鹹」死了，這時候食鹽就變成了一種毒藥！

食鹽、農藥比一比

　　有了上面的觀念，我們把「食鹽」跟化學農藥「克收欣」來進行「有多毒」對決的話，發現食鹽反而可以說是「比較毒」呢！

參賽者	有多毒 （口服半數致死劑量LD_{50}，越低越毒）	誰比較毒？
食鹽（氯化鈉Sodium chloride）	3000mg/kg	**勝**
克收欣（Kresoxim-methyl）	>5000mg/kg	

　　所以有了這個毒理觀念後，對於化學合成農藥就不用過度恐慌。然而化學合成農藥仍是一種藥劑，是綜合防治病蟲害的一種手段，絕對不能拿來直接食用。台灣的農藥管理法非常嚴謹，使用上只要遵循政府規定的推薦用藥及安全採收期，化學合成農藥仍然是我們對抗植物病蟲害的好幫手。

●克收欣是一種殺菌劑，可以防治芒果炭疽病、草莓白粉病等，是一種輕毒的藥劑。
●口服半數致死劑量 LD_{50}：代表拿多少東西給 100 隻白鼠吃了以後，50 隻白鼠會死亡，可以用來表示這個東西「有多毒」。

Chapter 3

找出植物生病的原因
─蟲害篇

自然界大部分的生物以植物為食，
這些節肢動物門的害蟲也不例外。
當這些昆蟲用咀嚼式口器及刺吸式口器取食植物，
植物就會不健康！

常見的蟲害有哪些？

自然界大部分的生物以植物為食，這些節肢動物門的害蟲也不例外。一般我們說的害蟲，其實可以分為節肢動物門昆蟲綱的昆蟲與蛛形綱的蟎。這些動物靠著取食植物的組織或汁液維生，可以說是「草食性」動物。

金龜子也是一種草食性動物。

植物失去了葉子，無法行光合作用的話，便無法生存。

植物如何受到傷害？

植物害蟲的口器及取食方式，可分為咀嚼式和刺吸式。咀嚼式口器就是用咬的，造成葉片破洞或缺少。刺吸式口器則是吸取植物汁液，葉片不會破洞，但會出現斑點或是黃化。

當植物組織受到咀嚼式害蟲取食，像是新芽、葉或莖被吃掉後，由於失去了光合作用的工廠，便無法再繼續製造養分。如果被刺吸式害蟲吸取了汁液，這些汁液含有光合作用的產物（主要是醣類，供應植物生長發育），少了養分供應，植物便會無法正常生長而日漸衰弱。

葉子有破洞

CH1
·
索引

CH2
·
觀念

CH3
·
蟲害

CH4
·
病害

CH5
·
防治

😈 常見的蟲害有哪些？──咀嚼式口器危害

咀嚼式害蟲的口器用來咀嚼固體食物，直接吃掉植物組織，像是新芽、葉、莖、花、果實都可能受害。危害部位呈啃食狀，葉片被吃後呈薄膜狀或是穿孔狀，嚴重時只剩下葉脈。

常見的咀嚼式口器害蟲如蝗蟲、金龜子、毛毛蟲（蝶蛾類幼蟲）等。這類害蟲的體型通常比較大，肉眼可以直接觀察。但也因為如此，牠們通常會躲在更隱蔽的地方，以避免遭到天敵捕食。另外，此類害蟲很多是夜行性，白天躲藏在附近林地、枯枝落葉或是其他地方，因此我們常常只看到葉片破洞，卻找不到牠們。

黑守瓜啃食瓜類花朵。

台灣青銅金龜啃食杜鵑葉片。　　圖片提供／陳禹安

台灣微條金龜啃食紫葳葉片。　　圖片提供／陳禹安

台灣琉璃豆金龜啃食海芋花朵。　　圖片提供／陳禹安

讓我們看看常見的咀嚼式害蟲有哪些：

鞘翅目

鞘翅目是昆蟲綱最大的目，成蟲俗稱「甲蟲」，除了海洋和極地以外，幾乎任何環境都可以發現甲蟲。鞘翅目的甲蟲，前翅為硬殼，可以覆蓋身體及保護後翅。鞘翅目昆蟲是完全變態生物，生命時期包括卵、幼蟲、蛹、成蟲。成、幼蟲的食性複雜，植食性種類很多是作物的重要害蟲，幼蟲生活於土中，以植物根系為食，像是我們俗稱的「雞母蟲」；有些則會蛀蝕莖幹為害，如天牛的幼蟲；成蟲則取食葉片，像是黃條葉蚤就是蔬菜類常見的害蟲。

常見的害蟲－黃條葉蚤

黃條葉蚤是一種鞘翅目的小型甲蟲，翅鞘有明顯的金黃色縱紋。因為常常跳躍遷移，所以又俗稱「跳仔」，是蔬菜最難纏的病蟲害之一，尤其是夏季的高溫期，常常嚴重危害導致毫無收成。

鱗翅目

鱗翅目是昆蟲綱的第二大目，成蟲是我們熟知的蝴蝶和蛾類，幼蟲則是俗稱的「毛毛蟲」。鱗翅目昆蟲是完全變態生物，生命時期包括卵、幼蟲、蛹及成蟲。幼蟲階段具有咀嚼式口器，以植物為食，啃食新芽、葉、莖、花、果實等，幾乎無所不吃。成蟲有兩對翅膀，上面覆滿鱗粉，口器變成吸管狀，取食花蜜露水，這時候就不危害植物。

常見的害蟲－斜紋夜蛾

斜紋夜蛾是園藝玩家的惡夢，又稱「夜盜蟲」。幼蟲幾乎什麼都吃且食量大，危害多種蔬菜與園藝花卉，大發生時往往造成嚴重損失。白天躲在葉基或土中，夜晚才爬到植株上取食葉片，通常從葉緣開始啃食，嚴重時連葉脈都會吃掉。然而就像大多數鱗翅目昆蟲，斜紋夜蛾成蟲不取食植物任何部位，只吸食花蜜露水，白天潛伏，夜晚才出來活動。

蘇力菌防治毛毛蟲

　　蘇力菌是一種細菌，專門寄生在昆蟲身上。蘇力菌會產生一種內生孢子及毒蛋白，蘇力菌被昆蟲取食後，經食道進入中腸，被胃液溶解釋放出毒蛋白，會先造成中腸麻痺，再穿透腸壁薄膜組織，最後達到殺蟲的效果。

　　蘇力菌可以防治多種鱗翅目幼蟲，也包括幾種雙翅目（蚊蠅類）及鞘翅目幼蟲（甲蟲）。使用方法是直接施放在植株上，一般多為加水稀釋噴灑在植物上，讓害蟲取食植物時一併吃下。

膜翅目

　　膜翅目是昆蟲綱的第三大目，常見有蜜蜂和螞蟻，但這兩種昆蟲並不會危害植物。屬於植物害蟲的是膜翅目葉蜂科的幼蟲，外型就跟常見的毛毛蟲一樣，同樣具有咀嚼式口器以取食葉片。

常見的害蟲 － 杜鵑三節葉蜂

　　杜鵑三節葉蜂的幼蟲，外觀就像是鱗翅目的毛毛蟲，是都市和校園常見的園藝害蟲。幼蟲孵化後從葉緣取食，最後留下葉片主脈，危害數量多時會影響植物生長，導致無法開花。

雙翅目

　　雙翅目是昆蟲綱的第四大目，成蟲包括蚊、蠅、虻等，是常見的衛生害蟲。雙翅目潛蠅科的幼、成蟲皆為植食性，葉片常出現的畫圖蟲就是此科害蟲。

常見的害蟲 － 潛葉蠅

　　斑潛蠅是一種雙翅目潛蠅科的小型蠅類，很多闊葉植物都可見其蹤跡。成蟲及幼蟲會潛入葉片中取食葉肉組織，造成葉片外觀出現圖畫般的條條彎曲白線。全年都會發生，春秋兩季尤其嚴重。

直翅目

直翅目昆蟲的前翅為覆翅，後翅則扇狀折疊。後足發達善於跳躍。常見的包括蝗蟲、螽斯、蟋蟀、螻蛄等，都是植食性害蟲。

常見的害蟲－蝗蟲

蝗蟲的咀嚼式口器很大，大顎發達，以植物葉片為食。有一些蝗蟲種類是雜食性，也吃昆蟲屍體，甚至連同類的屍體都吃。蝗蟲很早就出現在人類的歷史中，蝗災通常和嚴重旱災一起發生，凡蝗蟲路過的農作物都受到毀滅性傷害，所到之處可說寸草不生。直到近代隨著化學農藥的發展和使用，人類才慢慢擺脫蝗災惡夢。

等翅目

等翅目昆蟲就是我們熟知的白蟻，現在被歸類為蜚蠊目下的等翅亞目，也就是跟蟑螂為親戚關係。

常見的害蟲－白蟻

白蟻是不完全變態的社會性昆蟲，每個白蟻巢內的個體可達百萬隻以上。食性很廣，有些能取食植物的根、莖，或是乾枯的植物與木材，甚至有些種類能栽培真菌，以真菌為食。

葉子沒有破洞

CH1·索引
CH2·觀念
CH3·蟲害
CH4·病害
CH5·防治

☺ 常見的蟲害有哪些？──刺吸式口器危害

　　刺吸式害蟲的口器呈長針狀，用來刺穿植物表皮以吸取汁液，新芽、葉、莖、果實都有可能受害。被害部位因為被刺穿而出現傷口，除了容易受到微生物感染產生病害，癒合後還會出現結痂狀病斑，同時隨著植物組織繼續長大，該處就會像是畸形一樣，呈現皺縮、伸展不開的樣貌。

健康的羅勒葉片伸展飽滿。

蚜蟲危害的羅勒葉片畸形皺縮。

　　常見的刺吸式害蟲有異翅亞目的椿象、頸喙亞目的葉蟬以及胸喙亞目的木蝨、蚜蟲、粉蝨、粉介殼蟲和介殼蟲，另外蛛形綱的蟎類也屬於刺吸式口器害蟲。

　　這些害蟲可說是園藝上最常見、最麻煩的對手。由於牠們的體型通常很小，躲在葉背或是細縫處危害，而且有些還具飛行能力，繁殖速度又快，所以常常在發現牠們的時候，危害已經一發不可收拾了。

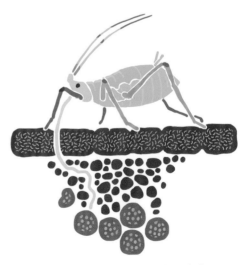

蚜蟲具有刺吸式口器，吸取韌皮部汁液。

讓我們看看常見的刺吸式害蟲有哪些：

半翅目異翅亞目

異翅亞目的椿象是一種身體扁平，具有口針的昆蟲。因為口針位於頭部前端，也有分類為前喙亞目（Prosorrhyncha）。並非所有椿象都是植物害蟲，有些椿象是肉食性，會捕食其他害蟲，像是黃斑粗喙椿象就是台灣常見的捕食性天敵，這類椿象在園藝上屬於益蟲。植食性的椿象以吸取植物汁液為食，在園藝上就屬於害蟲。常見的有危害台灣欒樹的紅姬緣椿象、荔枝椿象及危害杜鵑花的軍配蟲。

常見的害蟲－黃斑椿象

黃斑椿象是平地常見的椿象，習性活躍且食性廣，以刺吸式口器吸食樹幹或葉片汁液，在行道樹、松樹和果樹上經常發現，雖然數量多，但一般危害都不算嚴重。又俗稱「臭屁蟲」，受到威脅時會噴出刺激性的臭液，如果因好奇徒手進行捕捉時，臭液會強烈刺激人體上呼吸道、眼睛、黏膜和皮膚，造成潰爛，要特別小心。

半翅目頸喙亞目

頸喙亞目的害蟲包括蟬、葉蟬、角蟬和沫蟬，顧名思義他們的口器長在「脖子」處，儘管昆蟲型態上並沒有脖子這個地方。危害園藝作物的葉蟬通常很小，加上飛行能力又強，所以又名「浮塵子」。葉蟬一般很難注意到，當你用手輕撥草地或是花草，看到有小蟲飛起，通常就是葉蟬了。

> **是害蟲，也是益蟲！**
>
> 小綠葉蟬通常是一種害蟲，但在「東方美人茶」的生產上，卻是不可或缺的益蟲：被吸食過的茶葉才會具有果香味。

常見的害蟲－小綠葉蟬

小綠葉蟬是一種常見的植食性害蟲，體型小又善於跳躍和飛行，喜歡棲息於陰涼處，當植栽茂密不通風就容易大發生。成蟲及若蟲喜歡在葉背吸取汁液，造成葉片畸形、皺縮及焦枯。小綠葉蟬也會分泌蜜露，造成下位葉發生煤煙病，阻礙葉片行光合作用。蜜露常吸引螞蟻攝食，是觀察的重點之一。

半翅目胸喙亞目

　胸喙亞目的害蟲包括木蝨、蚜蟲、粉蝨、粉介殼蟲和介殼蟲，是最常見的植物蟲害之一。胸喙亞目全部以植物的汁液為食，很多是農業或園藝的重要害蟲。這些害蟲的特性隨著生命成長，常常有許多不同的變化，像是介殼蟲剛出生是會移動的，長大後才附著固定不動。

常見的害蟲－蚜蟲

　蚜蟲是一種常見的害蟲，喜歡乾燥溫暖氣候，常危害新芽、葉、莖，在幼嫩處吸食汁液，導致被害部位畸形、皺縮，葉片伸展不開，最後植株漸漸枯黃，生長不良，甚至萎凋。分為有翅型及無翅型，繁殖方式為胎生繁殖。族群數量高時，分泌的蜜露滴下，會造成下位葉發生煤煙病，阻礙葉片行光合作用。蜜露常吸引螞蟻攝食，是觀察的重點之一。

椿象、葉蟬及蚜蟲怎麼區分？

　半翅目的這三種昆蟲，嘴巴的位置不一樣。椿象嘴巴長在最前面，葉蟬長在「脖子」處，蚜蟲長在「胸部」的地方。

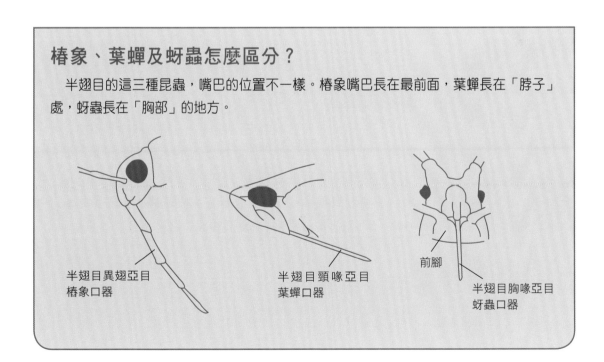

半翅目異翅亞目
椿象口器

半翅目頸喙亞目
葉蟬口器

前腳

半翅目胸喙亞目
蚜蟲口器

纓翅目

　　纓翅目害蟲俗稱「薊馬」，這種特殊的昆蟲翅膀外緣長細毛，就像穗狀飾物，所以稱為「纓翅」（「纓」指絲、線等做成的穗狀飾物，如「帽纓」為帽子的垂飾）。纓翅目的昆蟲大多是植食性，少部分肉食性的薊馬會捕食其他昆蟲，可算是益蟲。

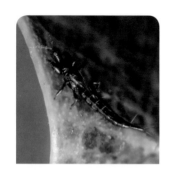

常見的害蟲－薊馬

　　薊馬具有不對稱口器，右邊的大顎沒有吸取汁液的開口，是用來銼碎植物表皮，讓植物汁液流出；左邊的大顎才具有開口，用來吸取剛剛戳破植物後流出的汁液。所以嚴格來說，薊馬算是「銼吸式口器」。由於這種方式造成的植物表皮傷口更大，受傷部位會出現更大的疤痕，一開始表面出現白色斑點狀，後期就會呈現燒焦的褐色疤痕。

蛛形綱

　　蛛形綱的葉蟎類以植物為食，具有刺吸式口器，但嚴格來說，並不是吸取植物汁液，而是取食細胞質內容物。因此，遭受葉蟎危害的葉片，會出現白色斑點褪色，就是因為葉綠體被吃掉的緣故。

常見的害蟲－二點葉蟎

　　二點葉蟎是一種喜歡乾熱的害蟲，生命週期隨著氣溫上升而減短，夏季只需要4天就可以完成一個世代。二點葉蟎喜歡聚集在葉背危害，同時在葉背產卵。以肉眼觀察時，葉背的蟎、卵及排泄物形成髒亂的景象。當族群密度高時，二點葉蟎會開始結網，可見細小絲狀物，網絲經由風力遷移，造成大發生。

😈 是誰吃了我的植物？──觀察與鑑定害蟲

當植物發生異常時，我們可以藉由「直接診斷」或「間接診斷」，來判斷是何種害蟲正在吃我們的植物。

直接診斷

藉由直接找到害蟲，觀察並鑑定牠是何種害蟲，來進行正確防治。一些比較大的害蟲，如鱗翅目及膜翅目的毛毛蟲，或是鞘翅目的雞母蟲及甲蟲，肉眼很容易就可以觀察到。

但像是蚜蟲、介殼蟲及葉蟎等，體型都非常小，只有0.1～1公釐，就要藉由放大鏡來觀察。確定是何種害蟲危害後，再以「植物種類」和「害蟲種類」為關鍵字進行搜尋，就可以得到答案。

有些昆蟲體型非常小，用放大鏡才看得清楚。

間接診斷

如果不能直接找到害蟲，我們就要循著植物受害的跡象尋找，或是藉由多方面的證據，來判斷可能受到何種害蟲危害。害蟲的棲息位置，通常在葉背、新芽隙縫、莖及枝條隙縫處。要順利找到害蟲，我們可以藉由「病徵」來進行判斷，植物受危害後所出現的異常樣貌，可以幫助我們找到害蟲，甚至直接確認是哪一種害蟲危害。

害蟲常棲息在葉背、新芽隙縫、莖及枝條隙縫處，甚至很多害蟲是夜行性，包括多種毛毛蟲及甲蟲，白天較難找到牠們。

Column

幫你的植物做一次健康檢查吧！

間接診斷簡易檢索表

1 判斷使植株受損的口器是何種型式？

新芽、葉片及莖有破洞、缺刻、被啃食：咀嚼式口器 ➡ ➡ 2

新芽、葉片及莖沒有缺少，但有附著物、褪色、皺縮、伸展不開：刺吸式口器 ➡ ➡ 3

2 咀嚼式口器危害，觀察被害部位是否有……

□葉片從中間破洞，不規則狀 ➡ **鞘翅目甲蟲**

□葉片從邊緣缺刻，或僅剩葉脈 ➡ **鱗翅目或膜翅目幼蟲**

□周圍有黑色圓球形的排泄物 ➡ **鱗翅目或膜翅目幼蟲**

□葉片有隧道般的食痕 ➡ **潛葉蠅或潛葉蛾**

□周圍有細線或不明顯的銀白色黏液痕跡 ➡ **蝸牛或蛞蝓**

□莖幹有流膠、排出木屑粉 ➡ **蠹蟲、蠹蛾類幼蟲、天牛幼蟲**

□莖基、根部被破壞 ➡ **雞母蟲（鞘翅目幼蟲）、蟋蟀**

3 刺吸式口器危害，觀察被害部位是否有……

□有附著物，輕碰不會移動 ➡ **介殼蟲**

□有附著物，輕碰會移動，有白色黏狀物 ➡ **粉介殼蟲**

□有附著物，輕碰後飛走 ➡ **葉蟬**

□有附著物，輕碰後飛走，有白色黏狀物 ➡ **粉蝨**

□葉片皺縮，且附近有螞蟻 ➡ **蚜蟲**

□葉片有咖啡色結痂傷口 ➡ **薊馬**

□葉片有長條狀結痂傷口 ➡ **椿象**

□有細小蜘蛛網 ➡ **葉蟎**

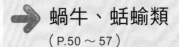
觀察診斷

新芽跟葉子被吃掉了！
咀嚼式口器害蟲危害

〔 害蟲用嘴巴直接吃掉植物的新芽、葉子和莖，造成植物破洞、缺刻或組織缺少。 〕

新芽老是被吃掉，葉片也出現破洞，但就是找不到害蟲！

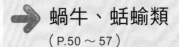 蝸牛、蛞蝓類
（P.50～57）

葉片破的洞很小，但到處都有，破洞有時候還半透明！

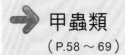 甲蟲類
（P.58～69）

葉片破的洞很大，常常只剩葉脈，有時還會捲起來！

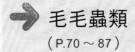 毛毛蟲類
（P.70～87）

葉片上面有白色的條紋，像地圖一樣！

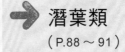 潛葉類
（P.88～91）

蝸牛類 Pest Snails

病害分類　蝸牛、蛞蝓類　蟲害－咀嚼式口器
舉例植物　九重葛 *Bougainvillea spectabilis*
危害部位　莖
好發時間　夜間、下雨過後

異常狀態

　　夜間或下雨過後，植株莖基部有蝸牛聚集啃食，造成不規則狀傷口，傷口並出現水浸狀疫病感染。上部枝條乾枯、落葉。

形態特徵

　　一般俗稱的「蝸牛」，泛指軟體動物門、腹足綱的陸生植食性的物種，在科學分類上包含了許多不同科的動物，但外觀都十分類似。外觀結構主要由一個碳酸鈣的外殼，以及一個軟身體組成，並具有咀嚼式口器，大多數蝸牛以植物葉片及嫩芽為食，因此可以歸類成一種園藝害蟲。

九重葛莖部遭蝸牛啃食

蝸牛類啃食莖部，造成維管束組織感染死亡，水分運送受阻，導致上部枝條乾枯、落葉。

莖基部有蝸牛聚集啃食，造成不規則狀傷口。

😈 生態及危害習性

　　蝸牛類生活在潮溼、有遮蔽物、可避免太陽直射的環境，因此花盆或花圃的角落，容易成為蝸牛躲藏的地方。在乾旱的時候，蝸牛進行休眠會分泌形成一層鈣質薄膜封閉殼口，軟身體便躲在殼中，等到夜間或清晨，氣溫和溼度適合時，再出來活動取食。植食性的蝸牛主要以植物新芽、葉、莖部為食，台灣各地都可以發現危害。蝸牛啃食的傷口，容易受到微生物感染，導致病害。

🧴 防治方法

● 保持環境清潔，避免於盆面或土上堆積落葉、枯草等有機物。

● 保持通風與地面乾燥。

● 於夜間、清晨或是雨後出沒時，使用鑷子夾除。

● 將使用過的咖啡渣，鋪設在植物盆器周圍，達到忌避效果，約一星期補充一次。→詳細作法參考page241「蝸牛蛞蝓的防治法」

🌿 常見受危害的植物

　　雜食性，幾乎所有植物都可能受害。

傷口易遭感染

蝸牛類啃食造成的莖基部傷口，容易導致真菌感染，出現水浸狀疫病病徵。

非洲大蝸牛

扁蝸牛 *Bradybaena similaris*

病害分類　蝸牛、蛞蝓類　蟲害－咀嚼式口器
舉例植物　秋葵 *Abelmoschus esculentus*
危害部位　葉
好發時間　全年，夜間、清晨出沒

異常狀態

新葉、葉、莖被啃食，出現大小不等的破洞，並可發現光滑的黏液膜殘留。

昆蟲形態

殼形扁圓，直徑大小約1.5公分。顏色淡褐色，強光照射呈現半透明，部分在外層螺圈中央有一褐色橫紋。身體淡黃色。

秋葵葉被扁蝸牛啃食

秋葵葉片出現大小不等的破洞，但白天檢視時未能發現害蟲。

😈 生態及危害習性

扁蝸牛是蝸牛類最常發現的一種蝸牛，具有咀嚼式口器，取食植物的組織，因此這邊分類在廣義的蟲害內。

扁蝸牛白天躲在落葉、腐木或枝葉間，並產卵在棲地處。夜間或清晨氣候涼爽、溼氣重時出來覓食危害。如果碰到高溫和乾燥，會分泌白膜將蝸口封閉躲回土中，渡過逆境。

夜間、清晨再度檢視，發現成群扁蝸牛危害。

爬動時會留下光滑的黏液膜和排泄物，阻礙植物生育。取食造成的傷口及黏液，也有可能傳播病害。

🧴 防治方法

● 保持環境清潔，避免於盆面或土上堆積落葉、枯草等有機物。

● 保持通風與地面乾燥。

● 於夜間、清晨或是雨後出沒時，使用鑷子夾除。

● 將使用過的咖啡渣，鋪設在植物盆器周圍，達到忌避效果，約一星期補充一次。→詳細作法參考page241「蝸牛蛞蝓的防治法」

扁蝸牛爬行後留下黏液

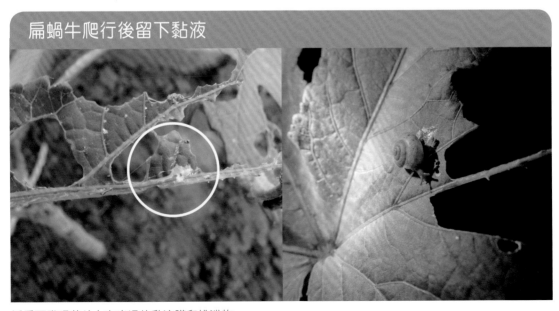

近看可發現葉片上有光滑的黏液膜和排泄物。

🌿 可能會受危害的植物

食性雜，多種植物皆會受害。

● 十字花科葉菜類：高麗菜、白菜、萵苣等。

● 各種薄荷、香草類。

● 一般植物的嫩芽。

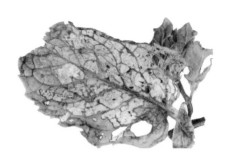

葉肉被剝食，呈現半透明狀，上面還可見黑色排泄物。

薄荷 *Mentha*

薄荷也是扁蝸牛常取食對象

新芽及葉片被啃食，出現許多破洞。可以在葉片上發現許多光滑的黏液膜殘留。受害的部位木栓化，不僅影響光合作用，也失去食用價值。

葉片出現許多破洞，嚴重的僅剩葉脈。

木栓化

　　木栓化（suberization）是一種保衛反應，受傷的組織會誘導木栓質（suberin）在細胞壁間積累，形成屏障，替代原有的角質層保護功能。可以想像成人類傷口的結痂，用來封住傷口，避免傷害和感染繼續擴大。

受夠了蔬菜總是被吃光？
你應該試試網室！

　　十字花科的高麗菜、白菜等，是許多昆蟲最喜歡吃的蔬菜之一，常常收成前就被危害得千瘡百孔，失去食用價值。最簡單的預防方法，其實可以搭設簡易網室，來隔絕各種害蟲入侵。但搭設前要注意植物是否已經發生蟲害，並檢查有無防護漏洞，否則蟲害反而會在裡面更嚴重！

●一定要用網室種植的蔬菜，否則一定沒有收成！

十字花科蔬菜：如芥蘭、油菜、花椰菜、高麗菜、小白菜、白蘿蔔等。

●不用網室種植，也可以不用擔心蟲害的蔬菜！

菊科蔬菜：萵苣、苦苣、菊苣、角菜、紅鳳菜、白鳳菜。

黏液蛞蝓 *Meghimatium* spp.

病害分類　蝸牛、蛞蝓類　蟲害－咀嚼式口器
舉例植物　蕹菜（空心菜） *Ipomoea aquatica*
危害部位　新葉、葉、莖
好發時間　全年，夜間、清晨出沒

🍃 異常狀態

　　新葉、葉、莖被啃食，常常出現「斷頭」的情況。葉片出現大小不等的破洞，並可發現光滑的黏液膜殘留。

蕹菜遭蛞蝓啃食

蕹菜新芽、葉片、莖全部被啃食，出現「斷頭」現象。

蛞蝓爬動時，會留下光滑的黏液膜。

🐌 形態特徵

黏液蛞蝓屬有兩對觸角，體型瘦長，身體半圓柱形，表面有溼滑黏液，身體兩側多具有縱線或花紋。

😈 生態及危害習性

黏液蛞蝓是一種軟體動物，具有咀嚼式口器，取食植物的組織，因此這邊分類在廣義的蟲害內。

白天躲在落葉、腐木或枝葉間，並產卵在棲地處。夜間或清晨氣候涼爽、溼氣重時出來覓食危害。如果碰到高溫和乾燥，蛞蝓因為不像蝸牛有外殼保溼，所以活動的區域相對於蝸牛更為陰暗潮溼，身體也會分泌更多黏液來防止水分散失。

爬動時，比蝸牛更容易留下光滑的黏液膜和排泄物，會阻礙植物生育。取食造成的傷口及黏液，也有可能傳播病害。

🧴 防治方法

● 保持環境清潔，避免於盆面或土上堆積落葉、枯草等有機物。

● 保持通風與地面乾燥。

● 於夜間、清晨或是雨後出沒時，使用鑷子夾除。

● 將使用過的咖啡渣，鋪設在植物盆器周圍，達到忌避效果，約一星期補充一次。→詳細作法參考page241「蝸牛蛞蝓的防治法」

夜間檢視，可發現蛞蝓正在危害。

蔥上面也可見蛞蝓危害。

🌿 常見受危害的植物

食性雜，多種植物皆會受害。

● 十字花科葉菜類：高麗菜、白菜等。

● 各種薄荷、香草類。

● 一般植物的嫩芽。

黃條葉蚤 *Phyllotreta striolata*

病害分類 甲蟲類　蟲害－咀嚼式口器
舉例植物 高麗菜 *Brassica oleracea* var. capitata
危害部位 葉
好發時間 全年，高溫期大發生

🌿 異常狀態

　　葉片被啃食，出現破洞或半透明破洞，破洞周圍木栓化。葉片上面可見黑色排泄物，手輕撥有小蟲跳起。

葉片被啃食狀

受害葉出現破洞，破洞周圍木栓化。葉片上面可見黑色排泄物。

🐛 昆蟲形態

黃條葉蚤成蟲很小，僅約2.5公釐，翅鞘有黑色光澤，有金黃色縱紋二條，跳躍時有如跳蚤，而得名為「黃條葉蚤」。

😈 生態及危害習性

黃條葉蚤在乾旱、高溫期容易大發生。成蟲善跳躍，又稱為「跳仔」。成蟲通常由上表皮啃食葉片，剩餘的下表皮便呈現半透明狀，有時也會從葉背面危害。被害葉片呈現點狀破洞，隨著葉片成長，破洞也會增大，而失去採收價值。

黃條葉蚤產卵於植物根部附近的土壤裡，孵化的幼蟲會危害根部，成熟後在土中化蛹。黃條葉蚤是十字花科蔬菜最困擾的害蟲之一。

🧴 防治方法

● 危害嚴重地區避免種植十字花科蔬菜。
● 露地栽培種植前淹水2天，淹死土中的卵、幼蟲及蛹。如果是盆器栽培，種植前用塑膠袋將土壤裝袋曝曬1星期，借太陽熱力殺死土中的卵、幼蟲及蛹。
● 保持環境衛生，清除被害植株、雜草。
● 使用黃色黏紙捕捉成蟲。

老葉被啃呈半透明

被害葉片如果比較厚，如老葉，則破洞呈現半透明狀。高麗菜被啃食後，失去實用價值。

成群黃條葉蚤危害

成蟲體型很小，約2.5公釐，以白圈標示，一片葉上可見數十隻。葉片被啃食，出現破洞。旁邊可見紋白蝶幼蟲複合危害。

🌿 常見受危害的植物

食性雜，多種蔬菜類皆會受害。

● 十字花科葉菜類：高麗菜、白菜等。

黃條葉蚤成蟲

翅鞘有黑色光澤，有金黃色縱紋二條，為辨識特徵。

猿葉蟲 *Colasposoma auripenne*

病害分類　甲蟲類　蟲害－咀嚼式口器
舉例植物　甘藷（地瓜）*Ipomoea batatas*
危害部位　葉
好發時間　全年，高溫期大發生

🍃 異常狀態

葉片被啃食，出現破洞或半透明破洞。葉片上面可見黑色排泄物。

葉片被啃食狀

大片的甘藷葉片被啃食，出現破洞。

昆蟲形態

猿葉蟲短橢圓形,黑藍色,具金屬性光澤。體長約7公釐。觸角黑色,長約身體的一半。

生態及危害習性

猿葉蟲在乾旱、高溫期容易大發生,尤其4～8月在簡易溫室危害更為嚴重。成蟲取食葉片,導致葉片變得支離破碎,最後只剩下葉柄,失去採收價值,不堪食用。產卵於土表,幼蟲也會危害甘藷塊根。

常見受危害的植物

食性雜,多種蔬菜類皆會受害。

●十字花科葉菜類:高麗菜、白菜等。

於附近可發現黑藍色、具金屬光澤的猿葉蟲危害。

防治方法

● 露地栽培種植前淹水2天,淹死土中的卵、幼蟲及蛹。如果是盆器栽培,種植前用塑膠袋將土壤裝袋曝曬1星期,借太陽熱力殺死土中的卵、幼蟲及蛹。

● 保持環境衛生,清除被害植株、雜草。

● 使用黃色黏紙捕捉成蟲。

其他可能造成甘薯葉破洞的害蟲

大黑星龜金花蟲 *Aspidomorpha miliaris*

體型較大,約可達1～2公分,外觀就像綠背金花蟲不同顏色的放大版,也常以甘藷葉為食。

尖頭蝗 *Atractomorpha* spp.

體色綠色,頭尖長觸角短,故得名。常取食甘藷葉,行動敏捷善於跳躍,非常難捕捉。

綠背金花蟲 *Metriona circumdata*

病害分類　甲蟲類　蟲害－咀嚼式口器
舉例植物　甘藷（地瓜）*lpomoea batatas*
危害部位　葉
好發時間　全年，高溫期大發生

異常狀態

葉片被啃食，出現大小不等的破洞或半透明破洞。

綠背金花蟲喜歡躲藏在葉背

綠背金花蟲經常躲在葉背，需要翻起葉片才能發現。

綠背金花蟲特寫

體色綠色，有金屬光澤，翅鞘的斑紋個體變異很大。頭胸部（前半段）的是「前胸背板」，後半段背上（腹部）的是翅鞘，鞘翅目昆蟲的共同特徵，由前翅演化而來。

啃食葉片的咀嚼式口器位於前胸背板下。

甘藷受危害狀

葉片被啃食，出現大小不等的破洞。

昆蟲形態

綠背金花蟲翅鞘周緣向外展開，形狀像斗笠一般。草綠色背上縱走黑色條紋。

生態及危害習性

在乾旱、高溫期容易大發生。具有金屬色澤的外觀，特別引人注目，但危害一般來說並不嚴重，不用進行防治。

防治方法

危害並不嚴重，不用進行防治。

常見受危害的植物

食性雜，多種蔬菜類皆會受害。

黃守瓜 *Aulacophora femoralis*

病害分類　甲蟲類　蟲害－咀嚼式口器
舉例植物　葫蘆科瓜類 Cucurbitaceae
危害部位　葉、莖、花、果
好發時間　全年，高溫期大發生

異常狀態

葉片、花、果被啃食，出現大小不等的破洞或半透明破洞。被啃食的葉片出現弧形狀食痕，嚴重時整片葉片千瘡百孔，甚至會枯死。

昆蟲形態

黃守瓜是鞘翅目金花蟲科，體長約7公釐的小甲蟲，身體橙紅色且有金屬光澤。

葫蘆科瓜類易受害

瓜類葉片容易受到危害，嚴重時千瘡百孔。

莖、花皆會遭到啃食

被啃食的莖出現圓點凹陷食痕。

😈 生態及危害習性

　　黃守瓜飛行能力很強，瓜類在各時期都容易受到危害，尤其是夏天高溫時，瓜苗容易遭到成蟲取食葉片，導致植株死亡。產卵於附近地上，幼蟲也會危害根部。

🧴 防治方法

● 露地栽培種植前淹水2天，淹死土中的卵、幼蟲及蛹。如果是盆器栽培，種植前用塑膠袋將土壤裝袋曝曬1星期，借太陽熱力殺死土中的卵、幼蟲及蛹。

● 種植多種葫蘆科瓜類時，必須同時防治。

🌿 常見受危害的植物

　　蘆科瓜類，如西瓜、香瓜、胡瓜及南瓜。

葉上有黑色排泄物

黃守瓜也會於夜間出沒危害，葉片上可見有黑色排泄物。

葉片被啃食狀

被啃食的葉片出現弧形狀食痕。

黑守瓜和黃守瓜為同屬不同種的昆蟲，常同時危害瓜類。

65

獨角仙 *Allomyrina dichotomus*

病害分類 甲蟲類　蟲害－咀嚼式口器
舉例植物 光臘樹 *Fraxinus formosana*
危害部位 莖
好發時間 5～8月

🍃 異常狀態

樹幹上出現與樹幹平行的條狀刮痕，導致有樹液流出。

🐞 昆蟲形態

獨角仙不含犄角體長3～6公分，分類上屬於金龜子科，顏色黑至紅褐色。因為雄蟲頭部有鹿角狀的犄角，因得其名。雌蟲頭部無犄角，但前胸背板上還是有一枚小型的犄角。有些小型的雄蟲，頭部的犄角小，很容易誤認為雌蟲。

獨角仙雌蟲

獨角仙雌蟲不具有犄角，正在啃食樹皮。

獨角仙雄蟲

獨角仙雄蟲有一支雙分叉對稱的巨型犄角。

😈 生態及危害習性

光臘樹是台灣特有種，也是常見的綠化樹種。每到夏季常可見樹幹上有平行的條狀刮痕，導致有樹液流出，這是因為獨角仙啃食的關係。

獨角仙喜愛光臘樹的樹液，會先用大顎啃食樹皮，讓樹液流出食用，同時也常見其他昆蟲一起共襄取食，如蜂類、蝶類等。由於獨角仙啃食樹皮的方向與樹幹平行，不會造成「環狀剝皮」，對樹木的傷害並不大，因此並不需要防治。反而可以藉此機會，好好觀察及欣賞這些大型甲蟲。

🥫 防治方法

● 獨角仙並不會嚴重傷害光臘樹，不需要防治。

● 獨角仙的出現代表周遭環境良好，應珍惜並保育附近生態。

🌿 常見受危害的植物

光臘樹，鮮少啃食其他樹木。

> ### 環狀剝皮
>
> 由於植物的維管束具有連續性，就像水管一樣負責上下運輸水分和養分，所以如果沿著樹幹一圈將樹皮剝掉，等於切斷了所有運輸的管道，樹木很快就會死亡。

獨角仙食痕

獨角仙食痕和樹幹平行，不會造成「環狀剝皮」。

近看刮痕為啃食狀，有樹液流出。

茄二十八星瓢蟲 *Henosepilachna vigintioctopunctata*

病害分類 甲蟲類　蟲害－咀嚼式口器
舉例植物 龍葵 *Solanum nigrum*　茄子 *Solannm melongena*
危害部位 葉、果實
好發時間 6～8月乾旱、高溫期

🍃 異常狀態

　茄科的葉片被啃食，出現大小不等的破洞或半透明破洞。

🐞 昆蟲形態

　茄二十八星瓢蟲體長6公釐，體色褐紅色，身上有灰白色的短毛，所以外觀不具光澤，與一般瓢蟲相異。背上的斑點不盡相同，個體變異很大。

茄科植物葉片被啃食貌

龍葵　　茄子

受到危害的葉片，出現大小不等的破洞呈半透明。

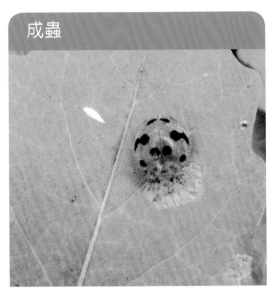

成蟲

茄二十八星瓢蟲個體變異很大，背上的斑點常有變化。

幼蟲

茄子

茄二十八星瓢蟲的幼蟲同樣以茄科植物為食，胸背及腹背上長滿了肉棘刺。

😈 生態及危害習性

　　茄二十八星瓢蟲是一種植食性瓢蟲，但一般來說危害都不嚴重，少數大發生時葉片遭啃食得千瘡百孔，影響植物健康。全年都可見其危害，6～8月分乾旱、高溫期容易大發生。

🧴 防治方法

● 危害初期即移除害蟲，減少族群數量。

● 清除茄科雜草，如龍葵等，減少食物來源。

● 使用橄欖防蟲液、澱粉防蟲液等噴灑於蟲體及植株，可防治茄二十八星瓢蟲幼蟲。→詳細作法參考page242「針對小型害蟲的祕方」

🌿 常見受危害的植物

　　茄科作物，如茄子、番茄與龍葵等。

葉被啃後呈弧形破洞

龍葵

茄二十八星瓢蟲喜歡以屁股為原點，弧形啃食葉片，造成破洞也呈弧形。

綠翅褐緣野螟 *Parotis margarita*

病害分類　毛毛蟲類　蟲害－咀嚼式口器
舉例植物　黑板樹 *Alstonia scholaris*
危害部位　葉
好發時間　4～6月

🌱 異常狀態

　　葉片被剝食，少部分被啃食出現半透明、破洞或缺刻，被啃食的葉片迅速枯萎、落葉。葉片上面可見黑色排泄物，捲曲葉裡面可以發現毛毛蟲。

黑板樹新芽、葉子被危害狀

綠翅褐緣野螟會吐絲將兩片葉片黏合，躲藏裡面啃食葉肉，
留下一層白色薄膜。

昆蟲形態

綠翅褐緣野螟是一種鱗翅目草螟蛾科的昆蟲，成蟲翠綠色，前翅邊緣褐色，因得其名。幼蟲呈黃褐色，蟲體有黑色斑點。

生態及危害習性

幼蟲取食黑板樹新芽、葉子，並會吐絲將兩片葉片黏合，躲藏裡面啃食葉肉，留下一層白色薄膜，周邊可以發現黑色的排泄物。幼蟲老熟後於葉片中吐絲化蛹。每年4月開始容易大發生，危害會導致黑板樹大量落葉。

防治方法

● 經常檢查樹木新芽及葉，是否有異常落葉。

● 在清晨、黃昏涼爽時，用鑷子或筷子夾除。

● 噴灑「蘇力菌」於植物表面。→施藥防治參考page240「趕走各種毛毛蟲的方法」

常見受危害的植物

專一食性，僅危害黑板樹。

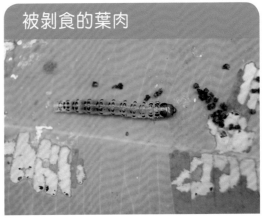

被剝食的葉肉

綠翅褐緣野螟幼蟲取食習性喜歡剝食葉肉，並排出黑色排泄物。

綠翅褐緣野螟的天敵—寄生蜂

綠翅褐緣野螟大發生時，也會吸引天敵寄生蜂產卵在其體內，待成熟後便會破「蟲」而出（照片上看到的蛆狀小蟲），然後結繭羽化成新一代寄生蜂。當寄生蜂的數量越來越多時，相對的綠翅褐緣野螟也會越來越少，這兩者的數量便維持著動態平衡。園藝上如能保育這些寄生蜂天敵，便可抑制害蟲的數量。

葉片破的洞很大，常常只剩葉脈，有時還會捲起來！

鳥羽蛾 *Ochyrotica concursa*

病害分類 毛毛蟲類　蟲害－咀嚼式口器
舉例植物 甘藷（地瓜）*Ipomoea batatas*
危害部位 葉
好發時間 全年

異常狀態

　　新葉無法展開，並出現半透明、缺刻，顏色變黑。剝開捲曲的葉片可以發現毛毛蟲，還有黑色排泄物散亂在裡面。

新葉受危害狀

新葉無法展開，並呈現缺刻，顏色變黑。

🐛 昆蟲形態

鳥羽蛾幼蟲各環節背線有瘤狀突起一對，有白色短毛，大小約1公分。成蟲為中型蛾類，大小約2公分，翅脈有白色細長羽狀毛，腹部及腳都是白色。白天躲藏在葉下，靜止時兩翅展開，呈現T字形。

😈 生態及危害習性

幼蟲喜歡潛入未展開的新葉危害，被啃食的葉肉出現半透明、缺刻，顏色變黑。被害的新葉無法展開、畸形皺縮甚至枯死。

幼苗期易被啃食

甘藷在幼苗期較容易受到危害，為數不多的新葉若全部被取食殆盡，幼苗就死亡了。

剝開捲曲的葉片可以發現毛毛蟲，還有黑色排泄物散亂在裡面。

🧴 防治方法

● 一旦發現受危害葉片，立即移除丟棄。

● 噴灑「蘇力菌」於植物表面。
→施藥防治參考page240「趕走各種毛毛蟲的方法」

🌿 常見受危害的植物

主要寄主為甘藷。

葉片破的洞很大，常常只剩葉脈，有時還會捲起來！

紋白蝶 *Pieris rapae*

病害分類 毛毛蟲類　蟲害－咀嚼式口器
舉例植物 大頭菜 *Brassica rapa*
危害部位 葉
好發時間 全年

🍃 異常狀態

　　葉片被啃食，出現缺刻、破洞，嚴重時只剩葉脈。葉片上面有黑色或綠色的排泄物，葉正面或背面可以發現綠色毛毛蟲。

大頭菜葉被危害狀

葉片被啃食，出現缺刻、破洞，僅剩葉脈。

昆蟲形態

初齡幼蟲淡黃色，體表密布細毛。成長後體色漸轉變為黃綠色、翠綠色，體側長有白色長毛。

生態及危害習性

紋白蝶幼蟲又稱「菜青蟲」，成蟲就是常見飛舞的白色蝴蝶，大小約5公分。幼蟲危害多種十字花科蔬菜，包括高麗菜、白蘿蔔、大白菜等。葉片被啃食後出現破洞，嚴重時只剩葉脈，嚴重影響光合作用。

防治方法

● 經常檢查蔬菜，用鑷子抓除毛毛蟲。

● 搭設網室，避免成蟲前來產卵。

● 葉片如有發現粉黃色卵，立即抹除。

● 噴灑「蘇力菌」於植物表面。→施藥防治參考page240「趕走各種毛毛蟲的方法」

紋白蝶幼蟲

紋白蝶幼蟲綠色，有黑點及細毛，背線鮮黃色。葉片上可見黑色或綠色排泄物。

常見受危害的植物

主要危害十字花科葉菜類，如高麗菜、白菜等。

杜鵑三節葉蜂 *Arge similis*

病害分類 毛毛蟲類　蟲害－咀嚼式口器
舉例植物 杜鵑 *Rhododendron simsii*
危害部位 葉
好發時間 4～6月

異常狀態

葉片被啃食，出現缺刻，嚴重時全株只剩葉脈。葉片周圍可見黑色排泄物。

杜鵑被危害狀

許多杜鵑三節葉蜂正在取食葉片，並可發現黑色排泄物。

杜鵑三節葉蜂幼蟲

幼蟲綠色，有黑色斑點，頭部橘色。

杜鵑三節葉蜂成蟲

成蟲喜歡產卵在葉片邊緣。

🐞 昆蟲形態

　　杜鵑三節葉蜂是膜翅目三節葉蜂科，幼蟲只取食杜鵑花，是常見的蜂類害蟲。幼蟲綠色，有黑色斑點，頭部橘色。

😈 生態及危害習性

　　成蟲喜歡產卵在葉片邊緣，孵化的幼蟲從邊緣取食葉肉，最後只剩下葉脈。危害數量多時，會影響杜鵑生長及開花。

🧴 防治方法

● 經常檢查植株葉片是否受到危害，並移除害蟲。

● 噴灑「蘇力菌」於植物表面。→施藥防治參考page240「趕走各種毛毛蟲的方法」

🌿 常見受危害的植物

　　專一食性，僅危害杜鵑。

危害嚴重的情形

葉片被啃食到只剩葉脈，影響杜鵑生長及開花。

77

樟葉蜂 *Moricella rufonota*

病害分類　毛毛蟲類　蟲害－咀嚼式口器
舉例植物　樟樹 *Cinnamomum camphora*
危害部位　葉
好發時間　4 ～ 6 月

異常狀態

　　葉片被啃食，出現缺刻，嚴重時葉片只剩葉脈，並大量落葉。葉片周圍可見黑色排泄物。

樟樹被危害狀

樟樹葉被啃食，有缺刻或只剩葉脈。

🐞 昆蟲形態

樟葉蜂屬於膜翅目葉蜂科，幼蟲只取食樟樹，是常見的蜂類害蟲。幼蟲綠色，有黑色細小斑點，頭部黑色。

😈 生態及危害習性

樟葉蜂一年可以繁殖2～3次，幼蟲群集在葉背，取食新葉及新芽，之後分散擴大危害。危害習性喜歡從邊緣取食葉肉，被啃食的葉出現缺刻、孔洞，嚴重時只剩下葉脈。危害數量多時，會導致大量落葉，影響樟樹生長。

🧴 防治方法

● 經常檢查植株葉片是否受到危害，並移除害蟲。

● 噴灑「蘇力菌」於植物表面。→施藥防治參考page240「趕走各種毛毛蟲的方法」

🌱 常見受危害的植物

專一食性，僅危害樟樹。

樟葉蜂幼蟲

樟葉蜂幼蟲正在啃食新葉，並留下黑色排泄物。

樟葉蜂大發生時的天敵—椿象

樟葉蜂大發生時，常可見許多捕食性的天敵出現，尤其是捕食性的厲椿科(Eocanthecona)椿象。這些肉食性的椿象，以刺吸式口器先麻痺獵物，然後再吸食體液，能有效減少害蟲數量。所以下次再看到厲椿，可要好好保護這些天敵！

小厲椿象若蟲肉食性，正在捕食毛毛蟲。

葉片破的洞很大，常常只剩葉脈，有時還會捲起來！

青黃枯葉蛾 *Trabala vishnou*

病害分類 蟲害－咀嚼式口器
舉例植物 紫薇 *Lagerstroemia indica*
危害部位 葉
好發時間 4 ～ 10 月

異常狀態

葉片被啃食，出現缺刻。

昆蟲形態

青黃枯葉蛾的卵為球形，灰黃色，直徑1.6公釐。幼蟲共有六齡，顏色及外觀隨著年齡變化，前四齡的顏色及斑紋，與五、六齡明顯差異。五、六齡身上佈滿刺毛，觸碰可能導致過敏。

紫薇葉受危害狀

青黃枯葉蛾幼蟲取食紫薇葉片，造成葉片缺刻。

青黃枯葉蛾老齡幼蟲

幼蟲外觀隨著年齡變化很大，老齡幼蟲顏色變成黃褐色，有黑色斑點。

😈 生態及危害習性

青黃枯葉蛾幼蟲食性雜，寄主植物非常廣，經常可見此蟲危害，但情況都不太嚴重。在一些疏於管理的校園或觀賞樹木，如欖仁樹及茄苳樹常零星發生。幼蟲體型大，食量也大，以葉片為主食，常引起注意。平時棲息於樹幹，但也常見於人工設施的扶手或木製品，如果發現應避免觸碰，以免引起過敏。

🧴 防治方法

● 發現受危害葉片，手動移除丟棄。

● 噴灑「蘇力菌」於植物表面。→施藥防治參考page240「趕走各種毛毛蟲的方法」

🌿 常見受危害的植物

食性雜，具記錄有16科32種。常見的園藝作物有番石榴、咖啡、薔薇、楓香、欖仁木、槭、柑桔類、蓮霧及茄苳等。

毛毛蟲如何攀附在植物上？

毛毛蟲除了胸部的三對真足以外，腹部的原足上面有許多細小的勾子，稱作「原足勾」，可以幫助毛毛蟲緊緊的抓牢植物，這樣就不會葉子吃一吃反而自己掉下去了。

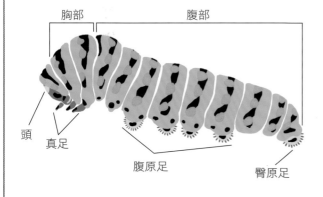

胸部　　腹部

頭

真足

腹原足

臀原足

Crochet 原足勾

長斑擬燈蛾的幼蟲是常見的「毛毛蟲」，可以在榕樹等桑科榕屬的植物發現。

「毛毛蟲」可以在植物上行走而不掉下來，靠的就是原足鉤（prolegs）上的原足鉤（crochets）。

原足鉤的彎鉤或細刺，可以抓住植物表面，所以即使上下顛倒爬行，也不會掉下來。

原足鉤是鱗翅目幼蟲的特徵之一，它的排列方式與數量，可以作為辨別物種根據。

無尾鳳蝶 *Papilio demoleus*

病害分類　毛毛蟲類　蟲害－咀嚼式口器
舉例植物　柑桔類 *Citrus* spp.
危害部位　葉
好發時間　4 ～ 10 月

🌿 異常狀態

柑桔類的葉片被啃食，出現缺刻。

🐞 昆蟲形態

無尾鳳蝶幼蟲以柑桔類葉片為食，幼蟲初期外觀擬態成「鳥糞」，以躲避天敵捕食。後期幼蟲轉成綠色，顯現出黑色斑紋及假眼，用來嚇阻敵人。受到驚嚇時，更會露出鮮紅色的臭角，散發酸臭味，使天敵不敢捕食。

無尾鳳蝶大齡幼蟲

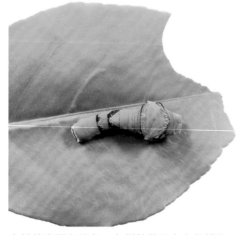

大齡幼蟲顏色綠色，在柑桔葉片上有保護色。具有黑色斑紋及假眼，用以嚇阻天敵。

觸碰驚嚇時會露出鮮紅色臭角，並散發酸臭味嚇阻敵人。

😈 生態及危害習性

　　無尾鳳蝶成蟲因翅膀下翅無尾狀突起，故得其名，又稱「花鳳蝶」。飛行速度快，在平地及低海拔地區很常見，幼蟲以柑桔類植物為寄主，如果在陽台有栽培橘子、檸檬、萊姆及柚子等，常常可以吸引無尾鳳蝶來產卵，數日後便可見幼蟲取食葉片。一般來説危害並不嚴重，且幼蟲型態變化大，成蟲也具有相當觀賞性，可不用防治，作為觀察教育用途。

🧴 防治方法

● 發現受危害葉片，手動移除丟棄。

🌿 常見受危害的植物

　　柑桔類：如橘子、柚子、檸檬等。

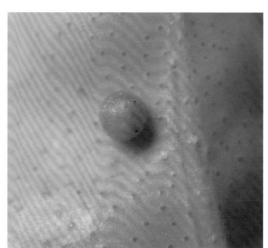

無尾鳳蝶的卵。

無尾鳳蝶的蛹。

無尾鳳蝶小齡幼蟲

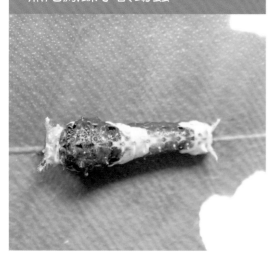

小齡幼蟲顏色暗褐色，並有白色斑紋，外觀像是鳥的糞便，故又稱「鳥糞幼蟲」。

無尾鳳蝶成蟲

陽台若有栽培柑桔類植物，常常可以吸引無尾鳳蝶前來產卵。

捲葉蟲 *Leaf Roller*

病害分類　毛毛蟲類　蟲害－咀嚼式口器
舉例植物　紫蘇 *Perilla frutescens*
危害部位　葉
好發時間　4～6、9～12月

🍃 異常狀態

　　葉片下垂，捲曲包覆在一起，顏色變白並呈現半透明狀。剝開葉片可見毛毛蟲及排泄物。

紫蘇葉受危害狀

受到危害的植株葉片下垂，並捲曲包覆在一起。

🐛 昆蟲形態

捲葉蟲是鱗翅目螟蛾科的害蟲,幼蟲主要危害葉部,體長約2～3公分,會吐絲捲葉在內剝食葉肉,導致葉片呈半透明狀。剝開葉片可見幼蟲躲藏在內部,受到驚嚇會快速移動,甚至彈跳逃走。受害葉內部或周邊常可見黑色排泄物,是辨認重點。

😈 生態及危害習性

捲葉蟲常有「趨嫩」及「趨綠」的習性,過度施用氮肥的植株,萌發新葉多,且葉片顏色加深,容易吸引捲葉蟲危害。

受剝食的葉片

撥開葉片後可見捲葉蟲快速逃離。

捲葉蟲剝食葉片,導致葉片外觀變白並出現半透明狀。剝開葉片可見排泄物。

🧴 防治方法

● 經常檢查植株葉片是否受到危害,並移除害蟲。

● 適當施肥,避免施用過多氮肥,以免吸引捲葉蟲危害。

● 噴灑「蘇力菌」於植物表面。→施藥防治參考page240「趕走各種毛毛蟲的方法」

🌿 常見受危害的植物

螟蛾科害蟲食性雜,多種作物都有可能受到危害。

紫蘇野螟主要的寄主為唇形科,如紫蘇、丹參等。

甜菜夜蛾 *Spodoptera exigua*

病害分類 毛毛蟲類　蟲害－咀嚼式口器
舉例植物 蔥 *Allium fistulosum*
危害部位 葉
好發時間 4～6、9～12月

異常狀態

　　蔥管出現破洞，白化下垂，變成半透明狀，上面有時可見黑色排泄物。剝開受到危害的蔥管，內可見1～2隻甜菜夜蛾幼蟲危害。

蔥受危害而破損

蔥管出現破洞，白化下垂，變成半透明狀。

受害的蔥管上可見黑色排泄物。

常於夜間出沒

甜菜夜蛾喜歡在夜間活動取食。

昆蟲形態

幼蟲體色多變，呈黃白色、黃綠色或暗褐色，體長約3～4公分。

生態及危害習性

甜菜夜蛾成蟲產卵在蔥管上，幼蟲孵化後蛀入蔥管內危害，取食葉肉後殘留的表皮呈半透明狀，俗稱「管蟲」。白天常躲在陰涼處，如土塊或雜物間，夜間才出來活動及取食，春秋兩季數量最多，尤其是乾旱時容易大發生。

防治方法

● 經常檢查植株葉片是否受到危害，並移除害蟲。

● 噴灑「蘇力菌」於植物表面。→施藥防治參考 page240「趕走各種毛毛蟲的方法」

常見受危害的植物

食性雜，多種蔬菜類的植物皆會受害。

● 十字花科葉菜類：高麗菜、白菜等。

藏於蔥管的甜菜夜蛾幼蟲

剝開受到危害的蔥管，內可見排泄物及甜菜夜蛾幼蟲。　　　　甜菜夜蛾幼蟲正在蔥管內危害。

潛葉蠅 *Leaf Miner*

病害分類	潛葉類　蟲害－咀嚼式口器
舉例植物	九層塔 *Ocimum tashiroi*　白水木 *Tournefortia argentea*
危害部位	葉、莖
好發時間	全年

異常狀態

　　葉片出現白色條紋，條紋呈現半透明狀，葉肉被取食，僅剩表皮。嚴重時黃化、乾枯。

葉被危害出現白色條狀食痕

九層塔

葉片出現白色條紋，條紋呈現半透明狀，葉肉被取食，僅剩表皮。葉片被潛葉蠅取食後，嚴重影響光合作用。

白水木

白水木葉片受潛葉蠅危害後，容易黃化、落葉。

白水木

白水木也常受危害。葉片被潛葉蠅取食後出現不規則白色條紋，後轉變成黑色。

食痕末端可見幼蟲

九層塔

葉片的白色條狀食痕末端，可見幼蟲在葉中取食。

昆蟲形態

　　成蟲類似小型蒼蠅，以產卵管刺破葉片組織後產卵於內，孵化的幼蟲便在葉中潛食，將葉肉吃到只剩上、下表皮，形成白色隧道食痕，類似地圖，故又稱「畫圖蟲」。老熟幼蟲會在土中化蛹。

生態及危害習性

　　潛葉蠅危害多種作物，食性甚雜。光照不足、通風不良、下位葉容易發生。全年都可以發現危害。

防治方法

● 潛葉蠅幼蟲常停留在白色隧道底端，可用手按壓捏死。

● 使用黃色黏紙，誘引成蟲。

常見受危害的植物

　　十字花科蔬菜、茄科、豆類、瓜類及各種園藝觀葉、花卉植物。

潛葉蠅幼蟲。

斑潛蠅 *Liriomyza* spp.

病害分類	潛葉類　蟲害－咀嚼式口器
舉例植物	番茄 *Lycopersicon esculeutum*
危害部位	葉、莖
好發時間	全年

受蟲害的番茄小葉出現白色條紋

受危害的葉片出現白色條紋，葉片提早黃化、乾枯。

🍃 異常狀態

葉片出現白色條紋、嚴重時葉片黃化、乾枯。條紋呈現半透明狀，葉肉被取食，僅剩表皮。

🐞 昆蟲形態

成蟲類似小型蒼蠅，以產卵管刺破葉片組織後產卵於內，孵化的幼蟲便在葉中潛食，將葉肉吃到只剩上、下表皮，形成白色隧道食痕，類似地圖，故又稱「畫圖蟲」。老熟幼蟲會在土中化蛹。

😈 生態及危害習性

番茄斑潛蠅在番茄苗期及結果期危害最嚴重，苗期因葉片少，一旦受危害對植株健康傷害甚大。結果期則多危害下位老葉，嚴重時葉片焦枯，影響光合作用。

💣 防治方法

● 番茄斑潛蠅幼蟲常停留在白色隧道底端，可用手按壓捏死。

● 使用黃色黏紙，誘引成蟲。

🌿 常見受危害的植物

菊科的菊花、非洲菊、萬壽菊等。豆科的菜豆及豌豆。葫蘆科的西瓜、香瓜、胡瓜及南瓜。十字花科的高麗菜、白菜等。秋葵、青椒、番茄、茄子、馬鈴薯、百合、水仙、洋蔥、蔥。

葉片右上白色條紋是斑潛蠅取食的隧道，左下的斑點則是二點葉蟎取食造成的。→二點葉蟎詳見 page148

白色狀隧道食痕

白色條紋中間的黑線是番茄斑潛蠅的糞便，末端則可見暗褐色的蛹。

居家陽台的花草植物健康檢查！

住在台中北屯的簡先生，客廳旁邊有一片垂直的小花園，放眼望去，綠意盡收眼底。然而，他發現花草經常莫名生病、死亡，真是讓人感到焦慮！今天讓我們一起來幫植物作健康檢查吧！

種植環境：垂直花台屬於半戶外環境，但由於花台位置在向內凹陷的水泥牆，所以通風比較不好，尤其是夏日午後太陽直射，溫度更是飆高到攝氏35度！這種環境最容易孳生病蟲害，經過檢查，發現有4處的植物生病了！

1 月橘光照不足和缺鐵！

陽台的半戶外環境大多是單面採光，尤其案例中的花台採「向內凹陷」設計，造成後排的月橘光照不足，而出現「葉子節間拉長」的徒長現象。此外，葉子還發生「葉脈間黃化」缺鐵的病徵。因此建議移動種植位置，並補充鐵肥來重獲健康。→

植物缺肥病徵參考page220「營養缺乏病」

2 馬齒莧樹發現粉介殼蟲！

同層的馬齒莧樹葉片出現黃化，一直長不好，疑似病蟲危害。翻開新芽的細縫處，果然就發現了粉介殼蟲！由於害蟲數量不多，植物也還算健康，所以建議用牙刷刷除，再使用橄欖防蟲液防治即可。→ 詳細作法參考page243「橄欖防蟲液」

4 花草植物缺水萎凋！

位於最下層的花草植物，是澆水容易忽略的地方，因此植物葉片下垂，出現「暫時性萎凋」垂頭喪氣的樣子。此外，花草的介質也因為太舊，保水能力變差，因此建議進行換盆，重新給予新土壤種植。→ 因栽培環境引起的病害參考page218「沒有發現蟲與病，我的植物還是長不好！」

> 觸碰綠色植物及土壤，親手種植花草，一直是生活中的小樂趣，但如果一直種不好的話，反而會越來越令人洩氣，生活也提不起勁來了呢！經過檢查後，總算知道如何進行日常照顧了，希望以後可以不用一直出門買盆栽「補貨」了！
>
> 喜歡拈花惹草的簡先生

3 黑法師也被粉介殼蟲危害！

下層的多肉植物「黑法師」雖然外觀沒有異狀，但經過檢查也發現了粉介殼蟲危害。粉介殼蟲食性廣，所有植物都要經常檢查，小心防範。才不會等到發現時，已經嚴重危害，難以防治。→檢查方法參考page236「日常檢查自己來，病蟲害無所遁形！」

到處都黏著奇怪的東西！
刺吸式口器害蟲危害

〔 害蟲的嘴巴像針一樣，吸食植物汁液，
葉片不會破洞，但是會出現斑點、
畸形、皺縮及伸展不開。 〕

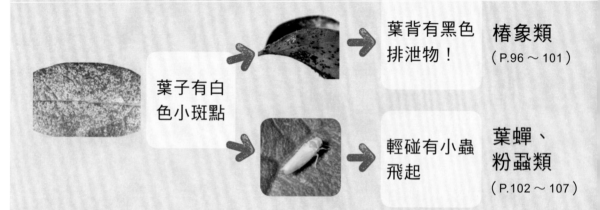

葉子有白
色小斑點

葉背有黑色
排泄物！

椿象類
（P.96～101）

輕碰有小蟲
飛起

**葉蟬、
粉蝨類**
（P.102～107）

葉片上有附著物，要
用摳的才摳得掉！

介殼蟲類
（P.108～119）

葉片背面有白色附著物，摸起來粉粉黏黏的！

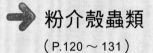 粉介殼蟲類

（P.120～131）

新芽、葉片全部皺在一起了！

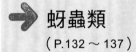 蚜蟲類

（P.132～137）

葉片變黃、長痘痘了！

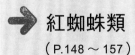 木蝨類及造癭害蟲

（P.138～147）

葉片有蜘蛛網，上面還有小蟲在爬！

➡ 紅蜘蛛類

（P.148～157）

杜鵑軍配蟲 *Stephanitis pyrioides*

病害分類 椿象類　蟲害－刺吸式口器
舉例植物 杜鵑 *Rhododendron simsii*
危害部位 葉
好發時間 4 ～ 10 月

異常狀態

　葉片正面出現細小白點，呈點狀褪色。葉背髒亂，可發現黑色、帶有光澤的點狀排泄物，並有昆蟲脫殼遺留，或有細小昆蟲棲息，輕撥有小蟲飛起。

昆蟲形態

　杜鵑軍配蟲是半翅目、軍配蟲總科、網椿科的昆蟲，一般此類害蟲簡稱「軍配蟲」。成蟲體長3公釐，蟲體透明或褐色，網狀中央有黑色斑紋，會產生黑色分泌物。

杜鵑老葉易受害

杜鵑軍配蟲危害老葉，遠看像是褪色，新葉反而較少受到危害。

葉正面出現白斑為辨識重點

葉正面

葉受到危害會出現白色細小斑點，集合在一起成大塊白斑。

葉背面發現蟲的排泄物

葉背

葉背有黑色排泄物，是辨認重點。

葉背面

葉背可發現成蟲。

😈 生態及危害習性

　　成蟲和若蟲喜歡聚集葉背吸食汁液，尤其是在植株內部、下方通風較不良的葉片更容易發生。新葉位於頂端，較少發生危害。

　　杜鵑葉被吸食後，葉正面會出現長條形、點狀褪色，影響光合作用。葉背有黑色排泄物，汙染葉面。棲息於葉背的成蟲受驚擾時會快速爬動，或振翅飛走。

🧴 防治方法

● 避免密植杜鵑，保持通風良好。

● 適度在葉片背面噴水，可降低族群。

● 使用軟毛牙刷去除附於植株的昆蟲。

● 施藥防治：使用橄欖防蟲液、澱粉防蟲液等噴灑於蟲體及植株。→詳細作法參考page242「針對小型害蟲的祕方」

🌿 常見受危害的植物

　　食性專一，只危害杜鵑。

明脊冠網椿 *Stephanitis esakii*

病害分類　椿象類　蟲害－刺吸式口器
舉例植物　樟樹 *Cinnamomum camphora*
危害部位　新芽、葉
好發時間　3～6、9～11月

異常狀態

　　葉片正面出現點狀褪色、黃斑、黃化。新芽皺縮。葉背髒亂，有黑色、帶有光澤的點狀排泄物，並可能有昆蟲脫皮遺留，或有細小昆蟲棲息，輕撥小蟲會飛起。

昆蟲形態

　　明脊冠網椿是半翅目、軍配蟲總科、網椿科的昆蟲，一般此類害蟲簡稱「軍配蟲」。成蟲體長3公釐，蟲體透明或褐色，網狀中央有黑色斑紋，會產生黑色分泌物。

通風不良處危害更嚴重

葉正面

樟樹內、下部通風較不良的葉片，受到明脊冠網椿危害，出現長條形、點狀褪色。

成蟲在葉背吸食

葉背面

明脊冠網椿成蟲，喜歡聚集在葉背吸食汁液，葉背髒亂，有黑色排泄物。

😈 生態及危害習性

　　成蟲和若蟲喜歡聚集葉背吸食汁液，尤其是在植株內部、下方通風較不良的葉片更容易發生。

　　樟樹葉被吸食後，葉正面會出現長條形、點狀褪色，影響光合作用。葉背有黑色排泄物，汙染葉面。棲息於葉背的成蟲受驚擾時會快速爬動，或振翅飛走。每年春、秋兩季常見。

🧴 防治方法

● 適度修剪樹木，保持通風，避免內生枝條過密。

● 適度在葉片背面噴水，可降低族群。

● 使用軟毛牙刷去除附於植株的昆蟲。

● 施藥防治：使用橄欖防蟲液、澱粉防蟲液等噴灑於蟲體及植株。→詳細作法參考page242「針對小型害蟲的祕方」

🌿 常見受危害的植物

　　食性專一，只危害樟樹，如樟、香樟、油樟。

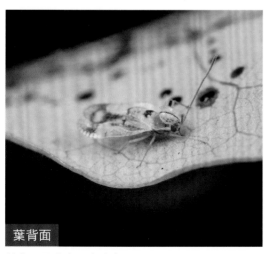

葉背面

葉背可見成蟲吸食汁液。

葉正面

葉正面每一個白點褪色都是受到一次吸食危害所致。

瘤緣椿象 *Acanthocoris sordidus*

病害分類　椿象類　蟲害－刺吸式口器
舉例植物　甘藷（地瓜）*Ipomoea batatas*
危害部位　葉
好發時間　全年

瘤緣椿象危害甘藷狀

瘤緣椿象群聚於甘藷莖上危害，造成圓形至長條形的傷口。

🌿 異常狀態

新葉、葉及莖有褐色結痂，形狀圓形至長條形。受危害的葉片畸形、皺縮，莖則是傷痕累累狀。

🐛 昆蟲形態

瘤緣椿象是一種常見的椿象，體長約2公分，黑褐色，體背有瘤狀突起，故得其名。後腳腿節粗大，是辨認特徵。

😈 生態及危害習性

瘤緣椿象分布中、低海拔山區及平地，具有群聚性。其刺吸式口器吸食植物汁液，會造成圓形至長條形的褐色結痂。傷口會導致葉片畸形、皺縮，莖則是生長受阻礙。

🧴 防治方法

一旦發現危害，立即剪除受害部位，連同椿象一併丟棄，甘藷很快就會長回葉片。

🌱 常見受危害的植物

甘藷、茄子、山煙草、龍葵等。

瘤緣椿象若蟲

瘤緣椿象若蟲，身上具有白色粉狀物，同樣會危害甘藷。

瘤緣椿象成蟲

瘤緣椿象成蟲，體背有瘤狀突起，後腳腿節特別粗大。

小綠葉蟬 *Chlorita flarescens*

病害分類	葉蟬類　蟲害－刺吸式口器
舉例植物	桃 *Prunus* spp.
危害部位	新芽、葉
好發時間	3～10月,高溫好發

異常狀態

　　新芽捲曲萎縮、焦枯。葉面有白色點狀褪色,白點數量多時會合成白斑,最後整片葉看似褪色變白,提早落葉。主脈有時會有長形破縫,變為褐色。

昆蟲形態

　　小綠葉蟬身體呈黃綠色,大小約2.5公釐。手輕撥動葉片會飛起,受到威脅時會橫向移動。

桃葉被小綠葉蟬危害狀

葉正面

喜棲息在葉背

葉背面

桃葉片正面有白色點狀褪色,白點數量多時會合成白斑,看似葉片褪色變白。中間可見小綠葉蟬棲息。

小綠葉蟬喜歡棲息在桃葉背面取食危害。

正常葉與蟲害葉比較

月橘剛生長出來的新葉，尚未遭到白輪盾介殼蟲危害，呈現均勻綠色，上面沒有斑點、突起或附著物。其餘老葉則飽受摧殘。

月橘葉片受到白輪盾介殼蟲危害

近距離觀察月橘的小葉，圓形的是白輪盾介殼雌蟲。

長條形的是雄蟲。

葉正面

葉背面

月橘葉片正面、背面跟葉柄，都布滿了白輪盾介殼蟲。受到危害的葉片，會出現黃化斑點。

🛡 防治方法

- 在植株茂密不通風、陽光不足的地方危害較嚴重。因此應該經常修剪，並保持良好通風及充足日照。

- 高溫乾燥時繁殖快速，選擇冬天氣溫低時防治效果較佳。

- 施藥防治前先進行修剪，枯枝及危害嚴重的枝葉先清理丟棄，切勿堆置於附近，以免傳染。

- 施藥防治：使用橄欖防蟲液、澱粉防蟲液等噴灑於蟲體及植株。→詳細作法參考page242「針對小型害蟲的祕方」

🍃 可能會受危害的植物

樹蘭、樟樹、蘇鐵、棕竹。

葉上出現黑或褐色斑點

危害月橘的白輪盾介殼蟲死亡後，呈現黑或褐色斑點。下方則有曾經因白輪盾介殼蟲排遺誘發煤煙病的痕跡。

棕竹 *Rhapis excelsa*

棕竹受危害狀

棕竹受危害葉片正面出現些微黃化，但不明顯。

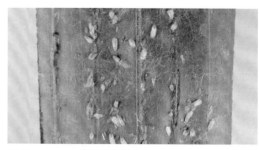

葉背可見白色附著物，雜亂狀。近看可見白輪盾介殼蟲附著危害。

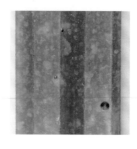

葉片正面可見另外一種「褐圓盾介殼蟲」危害。

樟樹 *Cinnamomum camphora*

樟樹受危害狀

樟樹新芽、葉及枝條都會受到危害。

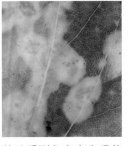

葉片受到危害會出現黃化斑點。

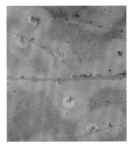

黃化斑點對應葉背,有介殼蟲附著危害。

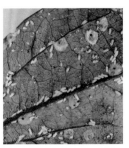

枯葉上的介殼蟲持續附著,有傳染可能。

受危害的部位萎凋乾枯,枯葉不會立即掉落。

咖啡硬介殼蟲 *Saissetia coffeae*

病害分類　介殼蟲類　蟲害－刺吸式口器
舉例植物　梔子花 *Gardenla* spp.
危害部位　莖
好發時間　全年

枝條出現褐色顆粒

葉下方枝條有大小不等的褐色顆粒附著，即為咖啡硬介殼蟲。

🍃 異常狀態

葉黃化、提早落葉，下方枝條有大小不等的褐色顆粒附著。

🐞 昆蟲形態

雌成蟲圓形，體皮隆起半球形，表面光滑褐色，大小約3公釐。若蟲體型較小，呈淡黃色。

😈 生態及危害習性

咖啡硬介殼蟲的若蟲具有移動能力，在植株各部位爬行，一旦選定位置吸食汁液後，便固定不再移動。被害植物生長不良、葉片黃化、提早落葉或枯萎。

全年皆可發現危害，大量發生時，分泌的蜜露會誘發煤煙病。一般來說行孤雌生殖，很少見到雄蟲。

🧴 防治方法

● 咖啡硬介殼蟲少量發生時，用軟毛牙刷刷除蟲體，並施藥防治若蟲。

● 施藥防治：使用橄欖防蟲液、澱粉防蟲液等噴灑於蟲體及植株。→詳細作法參考page242「針對小型害蟲的祕方」

🌿 常見受危害的植物

蘭花、菊花、仙丹花、桂花、咖啡、福木、柑橘等多種園藝植物及果樹。

受害枝條的葉黃化、提早落葉。

成蟲與若蟲

雌成蟲圓形，隆起呈半球形，表面光滑褐色，大小約3公釐。若蟲體型較小，呈淡黃色。

盾介殼蟲 *Parlatoria* spp.

病害分類 介殼蟲類　蟲害－刺吸式口器

舉例植物 蘭嶼肉桂 *Cinnamomum kotoense*

　　　　　 鵝掌藤 *Schefflera arboricola*

危害部位 葉、莖

好發時間 全年

異常狀態

葉正面有灰褐色異物附著，尤其沿著葉脈更多，葉背反而很少。

盾介殼蟲危害狀

蘭嶼肉桂

葉正面有灰褐色異物附著，尤其沿著葉脈更多。

🐞 昆蟲形態

雌成蟲介殼長約1公釐,介殼圓扇型,灰褐色,一端較尖並隆起,另端向四周擴散漸扁平,形成較寬的圓型,寬度約1公釐。雄蟲長條形。

😈 生態及危害習性

盾介殼蟲喜歡乾燥溫暖或室內環境,是常見的園藝害蟲。喜歡棲息於葉片正面,沿著葉脈危害,發生嚴重時,蟲體介殼互相重疊,遠看像生鏽狀。葉片受到危害,可能會提早黃化、落葉,影響生長。

🔖 防治方法

●盾介殼蟲少量發生時,移除受危害枝條,並施藥防治。

●施藥防治:使用橄欖防蟲液、澱粉防蟲液等噴灑於蟲體及植株。→詳細作法參考 page242「針對小型害蟲的祕方」

蘭嶼肉桂葉正面　　蘭嶼肉桂葉背面

盾介殼蟲喜歡棲息於正面葉脈,葉背反而很少。

蘭嶼肉桂

危害嚴重時,蟲體介殼互相重疊。

通風不良處危害嚴重

鵝掌藤

下位葉通風比較不好,容易受到盾介殼蟲危害。

鵝掌藤

被危害處周圍黃化,呈現斑點狀。

🌿 常見受危害的植物

榕樹、福木、馬拉巴栗、萬年青等多種觀賞植物。

榕樹 *Ficus microcarpa*

福木 *Garcinia subelliptica*

榕樹受危害狀

葉正面有灰褐色異物附著，尤其沿著葉脈更多。

福木受危害狀

福木葉正面有灰褐色異物附著，遠看像生鏽狀。

新葉健康，但下位葉通風不良，更容易受盾介殼
蟲危害。

葉正面

喜歡取食葉正面，沿著
葉脈聚集。

葉背面

跟其他介殼蟲不一樣，
反而不喜歡危害葉背
面。

葉背可見數種介殼蟲一
起危害。

萬年青 *Rohdea* spp.

綠竹 *Bambusa oldhamii*

萬年青受危害狀

盾介殼蟲喜歡危害老葉，在枝葉茂密、通風不良處容易發生。

盾介殼蟲喜歡沿著葉脈附著危害。

竹葉受危害狀

葉片出現黃化，有附著物處變成黑色。

近看可發現許多盾介殼蟲附著危害。

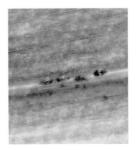

盾介殼蟲近觀。

117

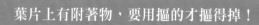

椰子擬輪盾介殼蟲 *Pseudaulacaspis cockerelli*

病害分類 介殼蟲類　蟲害－刺吸式口器
舉例植物 玉蘭花 *Michelia alba*
危害部位 莖
好發時間 全年

異常狀態

葉正面及背面有白色附著物，附著物周邊出現黃化，嚴重時會提早落葉。

昆蟲形態

雌成蟲介殼扁平，寬卵形，大小約2公釐。喜歡附著於葉正面及背面的葉脈取食危害，外觀像是有扇形白色附著物，前端蟲體褐色。

生態及危害習性

椰子擬輪盾介殼蟲在乾燥溫暖或室內穩定環境容易發生，蟲體在葉片上2～3隻聚生，周圍葉片因被吸食而黃化。發生嚴重時葉片甚至會乾枯或提早落葉。

受危害處出現黃斑

受危害葉片出現大小不等的黃化斑點。

🧴 防治方法

● 少量發生時摘除病葉，後施藥防治。

● 施藥防治：使用橄欖防蟲液、澱粉防蟲液等噴灑於蟲體及植株。→詳細作法參考page242
「針對小型害蟲的祕方」

🌿 常見受危害的植物

　　食性雜，寄主植物共69科，常見的植物包括：椰子、日日櫻、茶花、木瓜、常春藤、杜鵑、柑桔、雞蛋花、蘇鐵等。

介殼蟲、粉介殼蟲怎麼區分？

● 一般俗稱的「介殼蟲」，是指軟介殼蟲科（Coccoidea）、盾介殼蟲科（Diaspididae）的種類，因為牠們的蠟質分泌物比較硬，摸起來不沾手。

● 一般俗稱的「粉介殼蟲」，則是指棉介殼蟲科（Monnphlebidae）、粉介殼蟲科（Pseudococcidae）的種類，因為牠們的蠟質分泌物比較軟，常呈現毛絮狀，摸起來黏稠沾手。

以光照可見黃斑中央，有椰子擬輪盾介殼蟲附著危害。

椰子擬輪盾介殼蟲喜歡沿著葉脈取食，蟲體如扇形白色附著物。

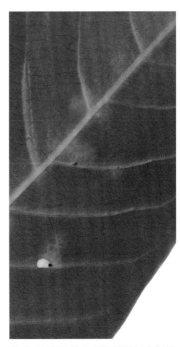

葉背可見同樣有椰子擬輪盾介殼蟲沿著葉脈取食。

吹綿介殼蟲 *Icerya purchasi*

病害分類	粉介殼蟲類　蟲害－刺吸式口器
舉例植物	西印度櫻桃 *Malpighia* spp.
危害部位	新芽、葉、莖
好發時間	全年

🍃 異常狀態

　　白色、大型粉狀物附著在新葉、葉、莖，並伴隨螞蟻出現。新葉畸形皺縮，出現類似褪色的病徵。害蟲分泌的蜜露引發煤煙病，黑色黏稠物汙染葉片。

🐞 昆蟲形態

　　吹綿介殼蟲一般常見雌成蟲，不具有翅膀，顏色白至淡黃色，長卵圓形，體長約1.5公分。身體分泌白色蠟粉及絮狀纖維，向身體後方整齊排列。具有刺吸式口器，有移動能力。

新葉畸形皺縮，出現類似褪色的病徵。

葉片下面枝幹可見吹綿介殼蟲危害。

😈 生態及危害習性

吹綿介殼蟲原生於澳洲，是一種入侵害蟲。在台灣因缺少天敵，曾經大量危害柑橘樹，後引進天敵澳洲瓢蟲及保育天敵小紅瓢蟲後，危害程度才趨緩。雌若蟲雖具有移動能力，但附著危害後鮮少移動。雄若蟲則非常活躍，二齡後常在隱密處結繭化蛹。

🧴 防治方法

● 保持良好的通風及充足日照。

● 修剪危害嚴重的枝條，受害枝葉應清理丟棄，切勿堆置於附近，以免傳染。

● 施藥防治：使用橄欖防蟲液、澱粉防蟲液等噴灑於蟲體及植株。→詳細作法參考page242「針對小型害蟲的祕方」

🌿 常見受危害的植物

柑橘、木麻黃、相思樹等多種園藝木本植物。

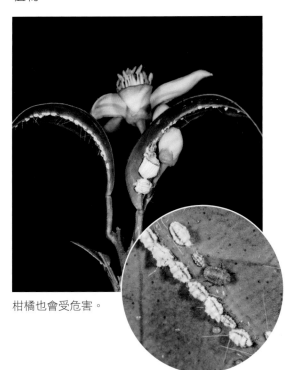

柑橘也會受危害。

長卵圓形雌成蟲

雌成蟲顏色白色至淡黃色，長卵圓形，身體分泌白色蠟粉及絮狀纖維，向身體後排列整齊狀。

淡黃色若蟲

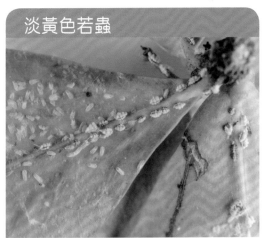

葉背可見淡黃色若蟲，沿葉主脈排列整齊。

分泌的蜜露常吸引螞蟻，並會引發煤煙病。

木瓜秀粉介殼蟲 *Paracoccus marginatus*

病害分類　粉介殼蟲類　蟲害－刺吸式口器
舉例植物　火漆木 *Jatropha* spp.　羅勒 *Ocimum basilicum.*
危害部位　新芽、葉、莖
好發時間　全年，尤其是 11 ～ 5 月低溫乾燥時

異常狀態

　　白色棉絮狀物附著在新芽、葉、莖，並伴隨螞蟻出現。分泌的蜜露引發煤煙病，黑色黏稠物汙染葉片。

昆蟲形態

　　雌成蟲身體黃色，體表覆蓋白色蠟粉，體長2.2公釐、寬1.4公釐。卵黃綠色，均產於卵囊中，卵囊大小可為體長的3～4倍，所有的卵均被白色蠟狀物質覆蓋。

被吸食的葉皺縮變形

火漆木

羅勒

榕樹

受到木瓜秀粉介殼蟲危害，導致葉片畸形皺縮、伸展不開。　粉介殼蟲於隙縫處危害，導致新芽畸形。

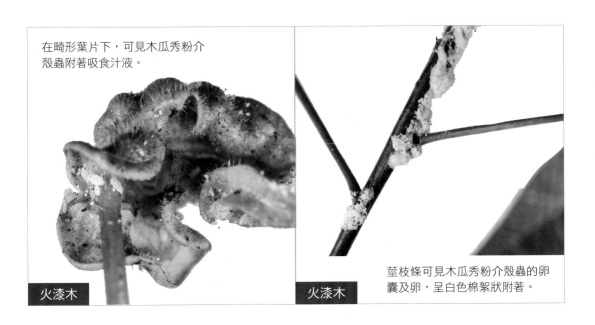

在畸形葉片下，可見木瓜秀粉介殼蟲附著吸食汁液。

火漆木

莖枝條可見木瓜秀粉介殼蟲的卵囊及卵，呈白色棉絮狀附著。

火漆木

😈 生態及危害習性

全年皆可發現，尤其11～5月低溫乾燥時，族群數量更高。反而7～9月高溫多溼時密度較低。

雌成蟲及若蟲多群聚於新芽、葉背面，後分散至附近的葉、莖危害。以刺吸式口器刺入植物，吸食汁液，取食同時會注入有毒的物質，使葉片顏色變淡、畸形，植株生長不良、矮小，嚴重時會落葉，最終導致植株死亡。

本害蟲能分泌黏稠狀的蜜露，導致植株下位部位發生煤煙病，並招引螞蟻共生，螞蟻會驅逐天敵，保護粉介殼蟲。

🧴 防治方法

● 時常修剪，並保持良好通風及充足日照。

● 施藥防治前先進行修剪，丟棄枯枝及危害嚴重的枝葉，切勿堆置於附近，以免傳染。

● 施藥防治：使用橄欖防蟲液、澱粉防蟲液等噴灑於蟲體及植株。→詳細作法參考page242「針對小型害蟲的祕方」

🌿 常見受危害的植物

食性雜，所有作物均要注意危害，常見有椰子、木瓜、木芙蓉、木槿、仙丹花、地瓜葉、咖啡、沙漠玫瑰、茄子、蔬菜類、各種果樹、草花類。

棉粉介殼蟲 *Phenacocus solenopsis*

病害分類 粉介殼蟲類　蟲害－刺吸式口器
舉例植物 薄荷 *Mentha* spp.
危害部位 新芽、葉、莖
好發時間 全年，尤其是乾燥時

🍃 異常狀態

　葉片皺縮畸形、伸展不開。觀察葉背有白色粉狀物附著，並伴隨螞蟻出現。害蟲分泌的蜜露引發煤煙病，黑色黏稠物汙染葉片。

遭吸食的葉呈變形皺縮貌

葉片皺縮畸形、伸展不開。遠看葉背及枝條有異物附著。

昆蟲形態

棉粉介殼蟲是常見的刺吸式口器害蟲,體表面有白色薄層蠟粉,胸、腹背面黑色,在蠟粉覆蓋下呈現黑色斑點狀。體長約1.5公分,身體分泌的白色蠟粉及絮狀纖維,呈放射狀如同刺蝟。

生態及危害習性

粉介殼蟲危害全年皆可發現,尤其在乾燥時,族群數量更高。雌成蟲及若蟲多群聚於新芽及葉背面,後分散至附近的葉、莖危害,受危害的新芽伸展不開,葉片扭曲變形,嚴重影響光合作用。本害蟲能分泌黏稠狀的蜜露,導致植物下位部位發生煤煙病,並招引螞蟻共生,螞蟻會驅逐天敵,保護粉介殼蟲。

防治方法

● 保持良好通風及充足日照。

● 修剪危害嚴重的枝條,受害枝葉應清理丟棄,切勿堆置於附近,以免傳染。

● 施藥防治:使用橄欖防蟲液、澱粉防蟲液等噴灑於蟲體及植株。→詳細作法參考page242
「針對小型害蟲的祕方」

常見受危害的植物

食性雜,所有作物均要注意危害,常見的有大葉合歡、日日櫻、金露花、彩葉草、木芙蓉、木槿、仙丹花、柑桔類、雜草類、蔬菜類、各種果樹、草花類。

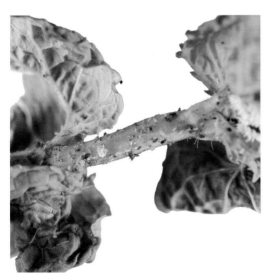

枝條上除了可以發現粉介殼蟲危害,還看到許多若蟲的脫皮。

葉皺縮畸形處,翻開葉背可見粉介殼蟲躲藏危害。

葉片背面有白色附著物，摸起來粉粉黏黏的！

絲粉介殼蟲 *Ferrisia virgata*

病害分類 粉介殼蟲類　蟲害－刺吸式口器
舉例植物 番石榴 *Psidium guajava*
危害部位 新芽、葉、莖、果實
好發時間 全年，尤其是 11 ～ 5 月低溫乾燥時

🍃 異常狀態

　　白色粉狀物附著在新芽、葉、莖及果實上，並伴隨螞蟻出現。分泌的蜜露引發煤煙病，黑色黏稠物汙染葉片與果實。

葉背有白色粉狀物為辨識特徵

番石榴葉背可發現白色粉狀物附著，就是遭到粉介殼蟲危害。

昆蟲形態

雌成蟲長橢圓形，體長約4.5公釐，寬2.8公釐，通常除蟲體背部中央，全身覆蓋白色粒狀蠟質分泌物。尾端有兩根長絲狀蠟物，與長尾粉介殼蟲屬的害蟲相似，辨認上常混淆。

生態及危害習性

絲粉介殼蟲危害全年皆可發現，尤其在11～5月低溫乾燥時，族群數量更高。反而7～9月高溫多溼時密度較低。

雌成蟲及若蟲多群聚於新芽及葉背面，後分散至附近的葉、莖及果實危害。粉介殼蟲能分泌蜜露，黏稠狀的蜜露導致植株下位部位發生煤煙病，並招引螞蟻共生，螞蟻會驅逐天敵，保護粉介殼蟲。

防治方法

● 時常修剪，並保持良好通風及充足日照。

● 施藥防治前先進行修剪，枯枝及危害嚴重的枝葉先清理丟棄，切勿堆置於附近，以免傳染。

● 施藥防治：使用橄欖防蟲液、澱粉防蟲液等噴灑於蟲體及植株。→詳細作法參考page242「針對小型害蟲的祕方」

常見受危害的植物

食性廣，所有作物均要注意危害。

葉正面

番石榴葉片正面病徵不明顯。

葉背面

翻過來番石榴葉片背面，可見主葉脈基部，有白色附著物危害。同時可見黏稠狀的蜜露液體。

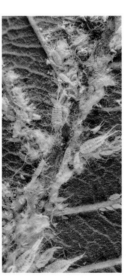

受害部位可見粉介殼蟲成蟲及若蟲群聚，黑色汙穢處為蜜露誘發的煤煙病。

粉介殼蟲近觀。

黃吹棉介殼蟲 *Icerya seychellarum*

病害分類 粉介殼蟲類　蟲害－刺吸式口器
舉例植物 紫蘇 *Perilla frutescens*
危害部位 新芽、葉、莖
好發時間 全年，尤其在乾燥時

🍃 異常狀態

　　新芽及葉片皺縮畸形、伸展不開。觀察扭曲葉內有白色粉狀物附著，並伴隨螞蟻出現。害蟲分泌的蜜露引發煤煙病，黑色黏稠物汙染葉片。

🐞 昆蟲形態

　　黃吹棉介殼蟲是一般常見的刺吸式口器害蟲，體表顏色有淡黃、黃棕至桔紅色，身體分泌白色蠟粉及絮狀纖維，刺吸式口器取食會導致葉片畸形，新芽皺縮畸形、伸展不開。

受危害葉皺縮、有白色棉絮狀附著物

新芽受到危害畸形皺縮，伸展不開。

受危害的葉片背面，可見白色棉絮狀附著物。

😈 生態及危害習性

全年皆可發現，尤其在乾燥時，族群數量更高。雌成蟲及若蟲多群聚於新芽及葉背面，後分散至附近的葉、莖危害，受危害的新芽伸展不開，葉片扭曲變形，嚴重影響光合作用。本害蟲能分泌蜜露，黏稠狀的蜜露導致植物下位部位發生煤煙病，並招引螞蟻共生，螞蟻會驅逐天敵，保護粉介殼蟲。

黃吹棉介殼蟲喜歡棲息在葉背，沿著葉脈取食危害。

🧴 防治方法

● 保持良好的通風及充足日照。

● 修剪危害嚴重的枝條，受害枝葉應清理丟棄，切勿堆置於附近，以免傳染。

● 施藥防治：使用橄欖防蟲液、澱粉防蟲液等噴灑於蟲體及植株。→詳細作法參考page242「針對小型害蟲的祕方」

🌿 常見受危害的植物

食性雜，所有作物均要注意危害，常見有菊花、合歡、桑樹、椰子、象牙木、仙丹花、柑桔類、雜草類、蔬菜類、各種果樹、草花類。

蟲喜棲息於葉背取食

葉正面

葉背面

葉片受到危害而畸形，對應葉背面有黃吹綿介殼蟲附著危害。

橘球粉介殼蟲 *Niaecoccus filamentosus*

病害分類 粉介殼蟲類　蟲害－刺吸式口器
舉例植物 日日櫻 *Jatropha pandurifolia*
危害部位 新芽、葉、莖
好發時間 全年，尤其在乾燥時

異常狀態

　　新芽伸展不開，葉片扭曲，白色棉絮狀物附著在新芽、葉、莖，並伴隨螞蟻出現。分泌的蜜露引發煤煙病，黑色黏稠物汙染葉片。

蟲害葉扭曲無法伸展

日日櫻受橘球粉介殼蟲危害，新芽扭曲，伸展不開。

翻開枝葉可見白色棉絮狀粉介殼蟲，伴隨出現大量螞蟻。

🐞 昆蟲形態

　　介殼蟲大部分是孤雌生殖，雄蟲罕見。雌成蟲體橢圓形，呈現半球狀突起，體色灰綠色，體長3公釐。背部蠟粉堆積成球形，聚集危害，使植株呈現白色蠟粉附著貌。

😈 生態及危害習性

　　粉介殼蟲危害全年皆可發現，尤其在乾燥時，族群數量更高。雌成蟲及若蟲多群聚於新芽及葉背面，後分散至附近的葉、莖危害，受危害的新芽伸展不開，葉片扭曲變形，嚴重影響光合作用。本害蟲能分泌蜜露，黏稠狀的蜜露導致植物下位部位發生煤煙病，並招引螞蟻共生，螞蟻會驅逐天敵，保護粉介殼蟲。

葉脈受到粉介殼蟲危害，螞蟻在旁取食蜜露，並充當保鑣。

🧴 防治方法

● 時常修剪枝葉，並保持良好通風及充足日照。

● 施藥防治前先進行修剪，枯枝及危害嚴重的枝葉先清理丟棄，切勿堆置於附近，以免傳染。

● 施藥防治：使用橄欖防蟲液、澱粉防蟲液等噴灑於蟲體及植株。→詳細作法參考page242「針對小型害蟲的祕方」

🌿 常見受危害的植物

　　食性雜，所有作物均要注意危害，常見的有芙蓉、福祿桐、咖啡、木槿、茶花、柑桔類、雜草類、蔬菜類、各種果樹、草花類。

葉片受粉介殼蟲危害而扭曲變形。

夾竹桃蚜 *Aphis nerii*

病害分類　蚜蟲類　蟲害－刺吸式口器
舉例植物　馬利筋 *Asclepias curassavica*
危害部位　新芽、葉、莖、花
好發時間　4 ～ 10 月

異常狀態

　　新芽、花芽及嫩葉處，有小蟲附著危害，蟲體橘黃色。被吸食部位畸形、皺縮，新芽、葉伸展不開，花芽凋謝。危害部位常伴隨螞蟻出現，植株下部位有煤煙病發生。

昆蟲形態

　　夾竹桃蚜成蟲體長2公釐，體色有淡紅、橘黃、黃綠色等，觸角及腳黑色。成蟲分為有翅及無翅型，有翅型具有飛行遷徙的能力。

蚜蟲危害新芽、花芽及嫩葉處

蚜蟲以刺吸式口器取食植物汁液。受危害的部位畸形、皺縮，新芽、葉伸展不開，花芽提早凋謝。

😈 生態及危害習性

台灣氣候溫暖，大多數蚜蟲都以孤雌生殖的方式繁殖。而這些孤雌生殖產下的小蚜蟲，也全部是雌性，如此重複循環，短時間就大量增殖，摧毀作物。分泌的蜜露除了引發煤煙病，影響光合作用外，也會吸引螞蟻前來取食。蚜蟲也是植物病毒的媒介昆蟲，會傳播植物病毒。螞蟻取食蜜露亦會提供蚜蟲保護，甚至以大顎夾起蚜蟲，移動到其他健康植株，這種另類的「放牧」，加速了蚜蟲的傳播及危害。

蚜蟲行孤雌生殖，所產子代皆為雌性。有翅型的雌蚜蟲至寄主植物後，一胎生產下數隻小蚜蟲，照片可見大蚜蟲附近有許多小蚜蟲。如此重複循環，短時間就大量增殖，摧毀作物。

🧴 防治方法

● 好發時間經常檢查植物，一旦發現蚜蟲立即移除，並施藥防治。

● 保護天敵昆蟲，包括瓢蟲及其幼蟲。

● 施藥防治：使用橄欖防蟲液、澱粉防蟲液等噴灑於蟲體及植株。

→詳細作法參考 page242「針對小型害蟲的祕方」

🌿 常見受危害的植物

蚜蟲食性廣，寄主植物包括十字花科、豆科、旋花科、石竹科、茄科、菊科、馬鞭草科、芸香科、薔薇科等。

蚜蟲分泌蜜露會引發煤煙病

莖部可見白色蚜蟲脫皮，蚜蟲分泌的蜜露，造成下位葉有黑色煤煙病發生。

蚜蟲特寫

蚜蟲體色多變，即使同種在同寄主上，顏色也可能不同。

羅漢松蚜蟲 *Neophyllaphis podocarpi*

病害分類　蚜蟲類　蟲害－刺吸式口器
舉例植物　羅漢松 *Podocarpus macrophyllus*
危害部位　新芽、葉、莖
好發時間　4～10月

異常狀態

　　新芽及嫩葉皺縮、伸展不開，上面有粉紅、白色小蟲附著。葉片表面有黏稠液體，伴隨螞蟻出現，有些葉表面有黑色黴狀物。

昆蟲形態

　　羅漢松蚜蟲常見一群成蟲與若蟲，聚集於新芽及嫩葉危害，被危害的葉片黃化、畸形、伸展不開，葉背可見若蟲的脫皮。羅漢松蚜蟲若蟲體表蠟粉比較少，顏色看起來較紅；較大的若蟲的蠟粉較多，身體顏色較白。成蟲有翅能飛行，長約2公釐，暗紫色。

蟲害葉皺縮變形

葉背可見若蟲的白色脫皮。

羅漢松被危害的新芽及嫩葉皺縮、伸展不開，上面有粉紅、白色蚜蟲附著。

😈 生態及危害習性

羅漢松抽新葉時，通常於3～6月，如遇氣候乾燥容易發生。蚜蟲分泌大量的蜜露，容易導致煤煙病，使葉片表面被覆一層黑色黴狀物。

🧴 防治方法

● 好發時間經常檢查植物，一旦發現蚜蟲，立即移除害蟲，並施藥防治。

● 施藥防治：使用橄欖防蟲液、澱粉防蟲液等噴灑於蟲體及植株。→詳細作法參考 page242「針對小型害蟲的祕方」

🌿 常見受危害的植物

羅漢松科、羅漢松、竹柏、百日青。

蚜蟲會引發煤煙病

蚜蟲分泌的蜜露導致煤煙病，使葉片表面被覆一層黑色黴狀物，影響光合作用。

成蟲暗紫色，有翅，具飛行能力，長約2公釐。

若蟲粉紅、白色，身上有白色蠟粉。

煤煙病 Sooty Mold

病害分類	蚜蟲類　蟲害－刺吸式口器
舉例植物	羅漢松 *Podocarpus macrophyllus*
危害部位	新芽、葉、莖
好發時間	4 ～ 10 月、有刺吸式口器害蟲危害時

異常狀態

葉片表面有黏稠液體，伴隨螞蟻出現。葉片表面出現黑色黴狀物。

葉面出現黏稠液體、黑色黴狀物

刺吸式口器害蟲分泌的蜜露，導致葉片表面出現黑色黴狀物。

昆蟲形態

　　煤煙病由刺吸式口器害蟲所誘發，所有的半翅目害蟲都可以分泌蜜露，這些甜甜的物質除了會吸引螞蟻，也會滴在下方的植物葉片上，使黴菌生長導致煤煙病。例如羅漢松蚜蟲危害分泌的蜜露，就會導致羅漢松葉片變黑，發生煤煙病。

刺吸式口器害蟲分泌的蜜露，在葉片表面呈現黏稠液體。

生態及危害習性

　　煤煙病會擋住光線，使植物光合作用受阻，影響生長。但由於煤煙病只發生在植物表面，並不會侵入植物體內，因此只要加以清洗，就可移除這些黴狀物。但要根治煤煙病，還是要防治正在危害的刺吸式口器害蟲。

防治方法

● 發生煤煙病時，立即檢查上方，必定有刺吸式口器害蟲正在危害，並加以防治。

● 以清水清洗葉片表面黴狀物。

● 施藥防治：使用橄欖防蟲液、澱粉防蟲液等噴灑於蟲體及植株。→詳細作法參考page242「針對小型害蟲的祕方」

煤煙病的黴狀物只附著在表面，以清水洗去即可。

常見受危害的植物

　　所有受到刺吸式口器危害的植物。

由於是由上方滴下的蜜露導致，所以葉背面很少發生煤煙病。

桑木蝨 *Paurocephala psylloptera*

病害分類 木蝨類及造癭害蟲　蟲害－刺吸式口器
舉例植物 桑 *Morus alba*
危害部位 新芽、葉
好發時間 全年發生，尤其是高溫乾燥時

異常狀態

新芽、葉背有小蟲附著，輕撥會跳躍飛行。新芽、葉和枝條黃化、捲曲甚至枯萎脫落。有白色排泄物。害蟲會分泌蜜露，使下位葉發生煤煙病。

昆蟲形態

木蝨體長2.5公釐，成蟲外觀像是小隻的蟬，腹部黑色，每節有黃環紋。翅膀透明。若蟲顏色深黃至黃色之間。

桑枝葉受危害而黃化、褪色

新芽、葉和枝條黃化、捲曲甚至枯萎脫落。

😈 生態及危害習性

　　桑木蝨危害全年發生，一般而言高溫乾燥好發。成蟲的飛行能力不強，但善於跳躍，主要危害新芽及葉，並產卵在葉背的葉脈及葉肉間，雌蟲一生產卵可達300粒，一世代約30天。

🧴 防治方法

● 適量噴灌水分，尤其可以沖洗葉背，干擾其生活，能稍微控制族群密度。

● 修剪病枯枝，增加通風。

● 施藥防治：使用橄欖防蟲液、澱粉防蟲液等噴灑於蟲體及植株。→詳細作法參考page242「針對小型害蟲的祕方」

🌿 常見受危害的植物

　　寄主專一，只危害桑樹。

葉正面

出現不規則黃斑、黃化，葉脈間有點狀褐色。

桑木蝨邊吸食汁液，邊分泌蜜露，滴落導致植株下位葉發生煤煙病。

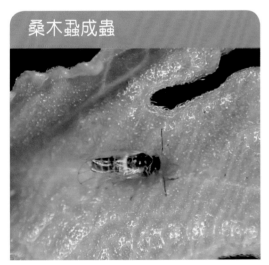

桑木蝨成蟲

成蟲翅膀透明，腹部黑色，有黃色環紋。

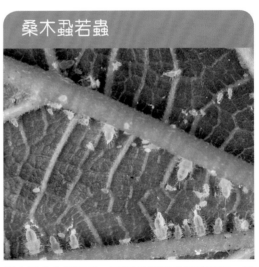

桑木蝨若蟲

桑木蝨危害嚴重時，可見各齡若蟲沿著葉脈，排列吸食汁液。

象牙木木蝨 *Trioza magnicauda*

病害分類　木蝨類及造癭害蟲　蟲害－刺吸式口器
舉例植物　象牙木 *Diospyros ferrea*
危害部位　葉
好發時間　全年

🌿 異常狀態

　　葉正面有不規則突起，發生類似褐色的黃化，葉背有附著物。

🐞 昆蟲形態

　　象牙木木蝨體長約3公釐，成蟲黑色，複眼紅色，具有飛行能力。若蟲扁橢圓形，老熟若蟲周圍有黑色邊框，前端可觀察到紅色的眼睛。

象牙木葉出現明顯圓形突起

葉正面有不規則突起，下位葉因為木蝨分泌的蜜露，發生煤煙病。

😈 生態及危害習性

若蟲在葉背刺吸葉片汁液，受害後葉片出現黃綠色橢圓形小突起，類似青春痘，新葉受到危害後伸展不開，隨後葉片黃化，影響植株行光合作用。

🧴 防治方法

● 修剪病枯枝，增加通風。

● 施藥防治：使用橄欖防蟲液、澱粉防蟲液等噴灑於蟲體及植株。→詳細作法參考 page242「針對小型害蟲的祕方」

🌿 常見受危害的植物

寄主專一，只危害象牙木。

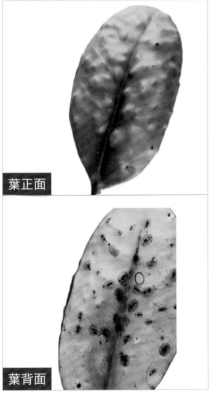

葉正面

葉背面

上：葉片受害部位出現類似褪色狀黃化。
下：葉背可見若蟲附著，外觀類似介殼蟲。

新芽受到危害，伸展不開並黃化。

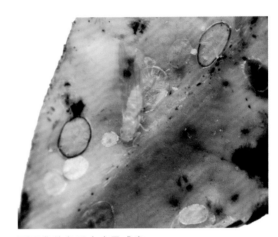

剛羽化的象牙木木蝨成蟲。

象牙木木蝨成蟲在葉背面吸取汁液。

141

樟木蝨 *Trioza camphorae*

病害分類 木蝨類及造瘿害蟲　蟲害－刺吸式口器
舉例植物 樟樹 *Cinnamomum camphora*
危害部位 葉
好發時間 全年

異常狀態

葉正面有紫紅色突起物，周圍黃化，突起物背面凹陷，內可見小蟲。

蟲害葉出現紫紅色突起物

受危害的葉正面有紫紅色突起物，周圍黃化。

昆蟲形態

　　成蟲體長2公釐，體色黃色，翅膀革質透明，翅脈黃色，前端有黑色小點。若蟲乳白色，體長0.3～0.8公釐，固定後呈淡黃色，眼點紅色。老熟蟲體呈黑色，體長約1公釐。

生態及危害習性

　　樟木蝨主要危害樟、香樟樹。若蟲刺吸葉片汁液，受害後葉片出現黃綠色橢圓小突起，隨著蟲齡生長，突起逐漸形成紫紅色蟲癭，影響植株行正常光合作用，嚴重時會導致提早落葉。

防治方法

● 修剪病枯枝，增加通風。

● 施藥防治：使用橄欖防蟲液、澱粉防蟲液等噴灑於蟲體及植株。→詳細作法參考page242
　「針對小型害蟲的祕方」

常見受危害的植物

　　樟樹、香樟樹。

突起物背面凹陷，凹陷周圍黃化。

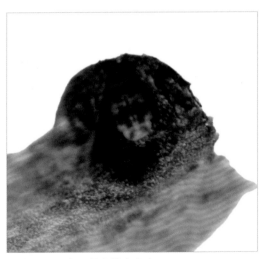

凹陷內可見木蝨若蟲棲息危害。

破布子瘤節蟎 *Aceria pobuzii*

病害分類 木蝨類及造癭害蟲　蟲害－刺吸式口器
舉例植物 破布子 *Cordia dichotoma*
危害部位 葉
好發時間 3～7月

異常狀態

　葉片有許多黃綠色突起，呈現畸形蟲癭狀，植株生長受阻。

葉面出現黃綠色突起

葉正面

葉片有黃綠色突起，呈現畸形蟲癭狀，植株生長受阻。

🐞 昆蟲形態

　　破布子瘤節蜱是一種蛛形綱的害蟲，成蜱相當微小，一般很難用肉眼觀察到，約只有0.15公釐，外形為蠕蟲狀，刺吸式口器略向前方伸出，頭胸部有足2對，足末端有羽毛狀的爪，身體末端有偽足助行動。

😈 生態及危害習性

　　破布子瘤節蜱所引起的蟲癭，是葉片組織受到瘤節蜱分泌的化學物質，所產生的異常增生病徵，可供給幼蟲棲息之處及食物來源，並在裡面發育成長，直到成熟後才離開。春天發新葉時，成蜱開始活動產卵，卵孵化後幼蜱潛入葉形成蟲癭。當環境不適合生存時，會爬行至葉片末端，將身體立起隨風而飄散。

🧴 防治方法

● 剪除受害嚴重的枝條葉片，並加以燒毀。

● 施藥防治：使用橄欖防蟲液、澱粉防蟲液等噴灑於蟲體及植株。→詳細作法參考page242「針對小型害蟲的祕方」

🌿 常見受危害的植物

　　寄主專一，只危害破布子。

受害嚴重的新葉轉黑，提早落葉。

葉背面

蟲癭背面呈凹陷狀，內似毛狀物。

榕管薊馬 *Gynaikothrips ficorum*

病害分類 木蝨類及造瘦害蟲　蟲害－刺吸式口器
舉例植物 榕樹 *Ficus microcarpa*
危害部位 新葉
好發時間 全年

異常狀態

新葉邊緣向中央捲起，形成圓筒形的蟲瘦。外表有紅褐色斑點。

昆蟲形態

雌成蟲黑色，長約3公釐。體型狹長，腹部末節長圓筒狀。前翅透明，上有長纓毛。若蟲淡黃色，無翅。不完全變態，但有似蛹期。

受害葉形成蟲瘦、紅色斑點

榕管薊馬是一種造瘦昆蟲，蟲瘦呈圓筒狀。

😈 生態及危害習性

榕管薊馬的取食，會使榕樹新葉邊緣向中央捲起，形成圓筒形的蟲癭，內有成蟲、若蟲及卵，在同一空間生活。孵化後的幼蟲在同一蟲癭內生存，幼蟲成熟後化蛹，蛹羽化為成蟲後陸續爬出蟲癭，尋找附近另一葉片，繼續製造新的蟲癭而產卵其中，繁衍不斷。

蟲癭內有時會發現其他昆蟲如粉蝨、粉介殼蟲或蟎類等同時存在。薊馬成蟲與幼蟲在蟲癭內部吸食，使蟲癭外表出現紅褐色斑點，表皮粗糙不平滑，過多的蟲癭會影響新枝正常發展。

🧴 防治方法

一旦發現新芽蟲癭，立即移除丟棄。

🌿 常見受危害的植物

主要危害正榕、垂榕，偶發性危害蘭花。當族群數量多時，也會取食其他植物。

榕管薊馬大量吸食葉汁造成葉背許多紅色斑點。

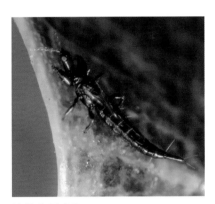

榕管薊馬成蟲。

新葉受到危害，會出現深紅色的斑點食痕。

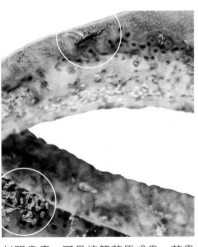

剖開蟲癭，可見榕管薊馬成蟲、若蟲及卵。

147

二點葉蟎 *Tetranychus urticae*

病害分類 紅蜘蛛類　蟲害－刺吸式口器
舉例植物 草莓 *Fragaria* × *ananassa*
危害部位 葉
好發時間 全年，高溫乾燥好發

🌿 異常狀態

葉子有白色細小點狀褪色，嚴重時白點集合在一起，像整片葉子變白。近看葉背面呈髒亂狀，有細小絲狀物，上有淡綠色小蟲爬行。

🐞 昆蟲形態

二點葉蟎體長約0.5公釐，橢圓形，背面拱起。體色黃綠色，蟲背左右兩側有墨綠色斑點，故得其名。

受害初期出現白斑點

葉片出現細小白色斑點，此時即要進行防治。

危害嚴重時出現絲狀物

二點葉蟎危害嚴重時，葉片上面出現絲狀物

😈 生態及危害習性

二點葉蟎的發育速度隨溫度升高而加快,也就是氣溫越高,繁殖越快,也越容易大發生。草莓種植後期3~5月氣溫越來越高,二點葉蟎的危害更嚴重,最終摧毀植物。

當二點葉蟎族群數量過高時,會產出絲狀物,在上面爬行以利遷徙,此時防治已為時已晚。葉蟎不耐潮溼,所以遇到下雨或是葉背噴水,會使葉蟎的自然病原大發生,葉蟎多染病而死,族群數量快速下降。

二點葉蟎成蟲

左邊為雄性體型較小,右邊為雌性體型較大。

🧴 防治方法

● 葉蟎食性廣,容易在雜草殘存,因此確實清除雜草及受害植物殘株,有助於防治。

● 葉蟎族群數量受到自然天敵控制,因此合理使用化學藥劑,包括殺蟲劑、殺蟎劑及殺菌劑,保護天敵。

● 適度對葉正面、背面噴水,增加溼度有助於防治葉蟎,但要注意可能誘發其他病害。

● 施藥防治:使用橄欖防蟲液、澱粉防蟲液等噴灑於蟲體及植株。→詳細作法參考page242「針對小型害蟲的祕方」

遇潮溼數量會快速下降

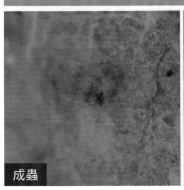
成蟲

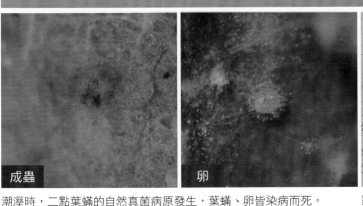
卵

潮溼時,二點葉蟎的自然真菌病原發生,葉蟎、卵皆染病而死。

顯微照片可現菌絲及孢子(藍色)入侵蟎體。

🌿 常見受危害的植物

寄主廣泛，包括各種蔬菜類、觀賞作物、果樹、草莓等150種以上的經濟植物。

肉桂 *Cinnamomum cassia*

肉桂受危害狀

肉桂受到二點葉蟎危害，葉片遠觀像是褪色。

受到嚴重危害的葉片，整片葉片褪色成白黃色。

葉背近看呈髒亂狀，卵黃色、卵殼白色、葉蟎白色褪皮及排泄物黑色。

薤菜 *Ipomoea aquatica*

薤菜受危害狀

葉出現細小白色斑點，越靠近葉脈越多。

仔細觀察葉面，有許多二點葉蟎與卵。

葉背也可以發現二點葉蟎危害。

番茄 *Lycopersicon esculeutum*

番茄葉受危害狀

二點葉蟎危害導致番茄小葉出現細小白色斑點。

葉背可見成蟲（白圈處）、若蟲、卵、排泄物及絲，呈現凌亂狀。

蜀葵 *Althaea rosea*

蜀葵葉受危害狀

葉出現細小白色斑點，越靠近葉脈越多，遠看像是褪色。

近看葉片，細小斑點散布在葉片之中。

葉背可見細小顆粒，即為二點葉蟎成蟲、若蟲及卵。

茶葉蟎 *Oligonychus coffeae*

病害分類　紅蜘蛛類　蟲害－刺吸式口器
舉例植物　茶 *Camellia sinensis*
危害部位　葉
好發時間　全年，秋季乾燥好發

異常狀態

葉子正面主脈兩側出現類似褪色狀，變成褐銹色或灰白色。

受害葉呈褐銹、灰白色

茶葉蟎喜歡危害茶葉主脈，造成褐銹色似的褪色。

危害初期從葉主脈褪色。

後期自主脈擴大至兩側，最後整片葉片均變成褐銹色。

🐞 昆蟲形態

　　茶葉蟎體長0.5公釐，身體橢圓形，深紅色至紫色。茶葉受危害後，葉子正面主脈兩側出現類似褪色狀，變成褐銹色或灰白色點狀褪色，嚴重時向兩側擴散，整片葉片像是褪色，呈褐銹色，影響葉片行光合作用。

😈 生態及危害習性

　　茶葉蟎發育很快，一世代約20日。葉蟎不耐潮溼，所以遇到下雨或是葉背噴水，會使葉蟎的自然病原大發生，葉蟎多染病而死，族群數量快速下降。

🧴 防治方法

● 適度對葉正面、背面噴水，增加溼度有助於防治葉蟎，但要注意可能誘發其他病害。

● 施藥防治：使用橄欖防蟲液、澱粉防蟲液等噴灑於蟲體及植株。→詳細作法參考page242
　「針對小型害蟲的祕方」

🌿 常見受危害的植物

　　主要危害茶、咖啡，偶發危害觀賞樹木及果樹類。

153

赤葉蟎 *Tetranychus* spp.

病害分類　紅蜘蛛類　蟲害－刺吸式口器
舉例植物　天使花 *Angelonia* spp.　白水木 *Tournefortia argentea*
危害部位　葉
好發時間　全年，高溫乾燥好發

異常狀態

葉子有白色細小點狀褪色，嚴重時白點集合在一起，像整片葉子變白。近看葉正面、背面有細小絲狀物，上有紅色小蟲爬行。

昆蟲形態

赤葉蟎體長0.5公釐，身體橢圓形，銹紅色或深紅色，兩側有2對黑斑，前面及後面各一對。白水木葉子受危害後，出現白色點狀褪色，是因為細胞內容物被赤葉蟎吸食所致，嚴重時白點集合在一起，影響葉片行光合作用。當赤葉蟎族群數量過高時，會產出絲狀物，在上面爬行以利遷徙，此時防治為時已晚。

| 葉子出現白色點狀褪色 | 赤葉蟎成蟲 |

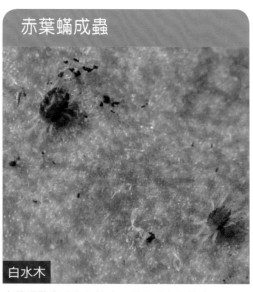

天使花

白水木

下位葉容易受到葉蟎危害，遠觀像褪色。

赤葉蟎雌蟲（左）較大，雄蟲（右）較小。

😈 生態及危害習性

　　赤葉蟎的發育速度隨溫度升高而加快，也就是氣溫越高，繁殖越快。高溫時只需要7日即可完成一世代，雌蟲一生則可產卵多達700粒。所以當天氣乾熱時，不注意很容易大發生，摧毀植物。葉蟎不耐潮溼，所以遇到下雨或是葉背噴水，會使葉蟎的自然病原大發生，葉蟎多染病而死，族群數量快速下降。

🧴 防治方法

- 葉蟎食性廣，容易在雜草殘存，因此確實清除雜草及受害植物殘株，有助於防治。

- 葉蟎族群數量受到自然天敵控制，因此合理使用化學藥劑，包括殺蟲劑、殺蟎劑及殺菌劑，保護天敵。

- 適度對葉正面、背面噴水，增加溼度有助於防治葉蟎，但要注意可能誘發其他病害。

- 施藥防治：使用橄欖防蟲液、澱粉防蟲液等噴灑於蟲體及植株。→詳細作法參考page242「針對小型害蟲的祕方」

天使花

近看可見葉片因受到葉蟎刺吸危害，產生白色細小點狀褪色。

白水木

近看葉正面、背面有細小絲狀物，上有紅色小蟲就是赤葉蟎。

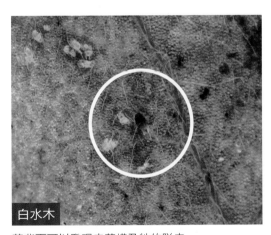

白水木

葉背面可以發現赤葉蟎及牠的脫皮。

♣ 常見受危害的植物

寄主廣泛，包括各種蔬菜類、觀賞植物、果樹、草莓等150種以上的經濟植物。

桑 *Morus alba*

桑葉受害狀

桑葉正面出現細小白色褐色斑點，左上方新芽亦可見粉介殼蟲複合危害。

桑葉背面則有白色絲狀物，仔細看有葉蟎、排泄物等。

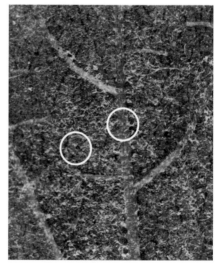

桑葉背面聚集許多赤葉蟎（紅色）及二點葉蟎（綠色）危害。

雞蛋花 *Plumeria obtusa*

雞蛋花受害狀

雞蛋花葉片受到危害，也可發現類似病徵。

迷迭香 *Rosmarinus officinalis*

迷迭香受害狀

迷迭香葉片受危害出現白色點狀褪色，此危害程度即要開始進行防治。

植株及葉背可以發現紅色蟲體。

嚴重時葉片黃化焦枯。

請不要殺死我！常見的天敵益蟲

　　當我們在植物上發現昆蟲時，先別急著撲殺，因為並不是所有棲息在植物上的昆蟲都有害！有些昆蟲是掠食者，會寄生或捕食植物害蟲，牠們反而能防治病蟲害，讓植物保持健康。這些病蟲害的天敵昆蟲，就算是一種益蟲，如果發現請不要殺死牠們，反而要好好保護。以下是常見的天敵益蟲：

寄生蜂

　　寄生蜂會將卵產在毛毛蟲的氣門中，孵化後便在毛毛蟲體內寄生，但是不會立刻讓宿主死亡，而是等到成熟後才鑽出來吐絲作繭，羽化出新一代寄生蜂。寄生蜂通常具有高度專一性，因此在生物防治上也有很高的應用性。

瓜實蠅寄生蜂成蟲
圖片提供／吳昶甫

黃斑椿象卵寄生蜂

紋白蝶寄生蜂幼蟲繭
圖片提供／吳怡慧

螳螂

　　螳螂是一種大型捕食性昆蟲，體長可達6公分。若蟲、成蟲期都是捕食性，且食量大，可捕食蝗蟲、蛾、蝶類、蠅類成蟲，但只會捕食活蟲。如果集體飼養要注意會互相殘殺。

闊腹螳螂　圖片提供／吳昶甫

姬螳螂　圖片提供／吳怡慧

草蛉

草蛉成蟲及幼蟲都具有捕食能力，食量大，可捕食葉蟎、介殼蟲、蚜蟲、木蝨、粉蝨、蛾類及蝶類的卵及幼蟲。草蛉繁殖能力強而且又容易飼養，因此很適合飼養作為生物防治用途。

草蛉成蟲
圖片提供／吳昶甫

草蛉幼蟲　圖片提供／吳昶甫

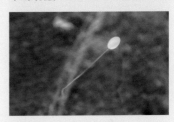

草蛉卵

黃斑粗喙椿象

黃斑粗喙椿象是一種肉食性椿象，又名「叉角厲椿」，雜食性，能捕食各種毛毛蟲、甲蟲、半翅目昆蟲，因此也很適合作為生物防治用。

黃斑粗喙椿象
圖片提供／吳昶甫

小厲椿象若蟲肉食性，正在捕食毛毛蟲

瓢蟲

瓢蟲體長5公釐，花紋外觀變異大，翅鞘橙紅色或紅色，有寬十字黑紋。是一種常見的肉食性瓢蟲，成蟲及幼蟲捕食蚜蟲，常可在蚜蟲危害處發現。

六條瓢蟲

六條瓢蟲幼蟲

胡蜂

　　胡蜂是指膜翅目胡蜂科的昆蟲。體型比蜜蜂大，可達3～4公分。胡蜂為捕食性，麻痺捕捉獵物後，帶回給幼蟲食用。各種昆蟲和蜘蛛都是胡蜂能捕食的對象，尤其是毛毛蟲類。因此，如果看到胡蜂請不要擾動牠，説不定牠正在幫你捕捉害蟲呢！

胡蜂成蟲

捕植蟎

　　捕植蟎是一種肉食性的蟎，體型跟害蟲紅蜘蛛一般大，具有較長的腳，行動敏銳。在紅蜘蛛危害嚴重的葉片，如看到其中有快速移動的小蟲，那就是捕植蟎。由於捕植蟎食量大，能捕食各種小型節肢動物、卵，甚至是線蟲，且繁殖及生長快速，因此很適合作為生物防治使用。

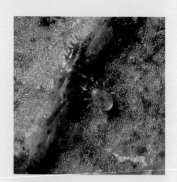
捕植蟎成蟲

食蚜蠅

　　食蚜蠅是雙翅目食蚜蠅科的昆蟲。成蟲貌似蜜蜂，幼蟲外型很像蛆，頭部尖、尾部寬，半透明，隱約可見內部臟器。肉食性的食蚜蠅幼蟲，常出現在蚜蟲聚集處，以蚜蟲為食。由於食量大，一天可以捕食超過100隻蚜蟲，對於減緩蚜蟲危害有很大的幫助。

食蚜蠅幼蟲

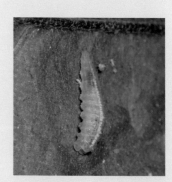
食蚜蠅幼蟲

Chapter 4

找出植物生病的原因
─病害篇

自然界大部分的生物以植物為食，

這些看不到的微生物病原也不例外。

植物受到真菌、細菌、病毒的入侵，就會不健康！

我的植物發黴了嗎？

　　自然界大部分的生物以植物為食，這些看不到的微生物病原也不例外。植物受到這些微生物病原（pathogen）的入侵，使植物不規則地運用能量，導致維持生命的反應不協調，阻礙細胞生長、水分及礦物質的吸收、運送、光合作用及養分利用等，這種現象就是我們看到的植物病害。

病徵與病兆

　　生病的植物外觀會發生變化，例如產生壞疽、斑點、黃化、葉片變小等，這些我們稱之為「病徵」（symptom）。如果是在植物的表面，直接看到微生物病原的構造，例如看起來粉粉的白粉病孢子，這些我們稱之為「病兆」（sign）。我們可以藉由觀察生病植物的病徵及病兆，來診斷到底生了什麼病，再進行正確的防治，才是恰當的做法。

病徵

葉片上的壞疽是一種病徵。

病兆

葉片上的白粉是一種病兆。

😈 病害種類—細菌性

細菌是原核生物（prokaryote），是一種體積微小、結構簡單的單細胞微生物。一般的細菌有細胞壁，主要的成分為胜聚糖（peptidoglycan），是細菌獨具的物質。

細菌的生存能力很強，在地球上已經存在30億年，為了適應不同環境，有些能夠行光合作用，如藍綠藻；有些能利用有機物的細菌，則稱為「異營菌」（heterotroph），如果這些細菌寄生在植物上，就會引起植物細菌性病害。

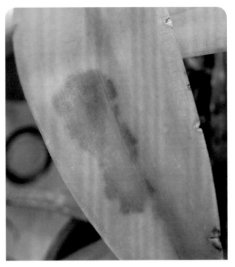

細菌性引起的葉斑病斑，內部軟爛。

細菌怎麼侵入植物？

細菌病原的傳播與水分脫不了關係，這些含有細菌的水滴，可藉由風吹、雨水飛濺的方式傳播，或可藉由動物、人、昆蟲、農具、土壤和水源汙染等傳播。

所以，颱風、大雨過後都是細菌性病害容易發生的時機。此外，如果用噴灌方式來進行澆水，葉面潮溼與水分噴濺也有利於細菌病原擴散。尤其是已經感染的病株，若不立即移除，將會成為傳播源。

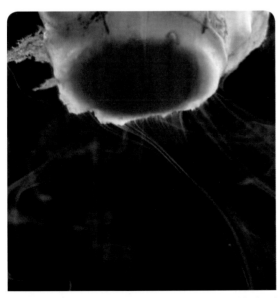

將細菌性病害的罹病組織切下置入水中，可以觀察到白色菌流由切口處湧出。

如何診斷細菌性病害

細菌所引起的植物病害，表現出來的病徵與真菌性造成的病徵很像，例如出現葉斑、葉枯、葉燒、萎凋、軟腐、腫瘤等。

辨認的重點是細菌性造成的病徵部位，以肉眼或顯微鏡觀察沒有毛狀物的菌絲或粉狀物的孢子。將細菌引起的罹病部位，切下一小塊置入水中，可以觀察到白色細菌由切口處湧出，如此便可以確定是細菌性病害了。

☺ 病害種類—真菌性

真菌是真核生物（eukaryote），是一種不能行光合作用、不會移動且有細胞壁的微生物，細胞壁的主要成分為幾丁質（chitin）。

真菌是一種比細菌更為複雜的生物，細胞構造也比細菌大得多。我們生活中真菌處處可見，像是麵包發黴常見的黑黴菌，是一種多細胞真菌；發酵使用的酵母菌，則是一種單細胞的真菌。如果真菌寄生在植物上，就會引起植物真菌性病害。

真菌怎麼侵入植物？

真菌侵入植物的方式可以分成三種：

- **直接穿透**：真菌的孢子藉由風飄到植物組織上，便會發芽產生附著器（appressorium），再由附著器長出感染釘（infection peg）侵入植物，之後菌絲便在植物體內的細胞間生長，或貫穿細胞生長。
- **自然開口**：真菌的孢子發芽可以藉由植物的自然開口感染，如氣孔或泌液孔。
- **傷口感染**：機械性傷害造成的傷口，像是修剪、動物取食，甚至是風力吹拂導致植物間互相摩擦出現的傷口，都有可能造成真菌感染。

因此，要避免病原菌（包括真菌、細菌及病毒）從傷口感染，日常園藝工作中使用的器具或是資材，必須隨時保持乾淨。

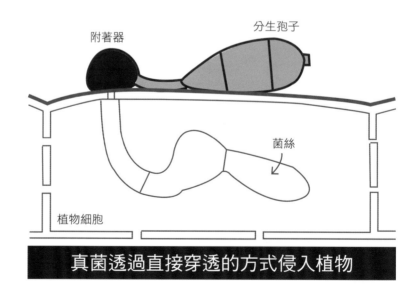

附著器　分生孢子　菌絲　植物細胞

真菌透過直接穿透的方式侵入植物

如何診斷真菌性病害

　　真菌侵入植物體以後，便在植物體內定居及生長，因此會對寄主植物產生各種影響，而表現出各種病徵。真菌所引起的植物病害，在病徵處用肉眼或顯微鏡觀察，可以看到絲狀或粉狀物，這就是真菌的菌絲或孢子。真菌性病害的診斷，首重記錄植物種類與病徵，再與相關資料進行比對鑑定，如此便可以得知相關的防治資訊。

　　一般來說，可以將觀察到的病徵歸類成六大類：

● 顏色的變化 **1**
葉片黃化或白化，或出現嵌紋。

● 壞疽 **2**
焦枯、斑點、穿孔。

● 增生
瘤腫、捲曲。

● 減生 **3**
矮化。

● 變生
花器葉化。

● 萎凋 **4**
水分運輸受阻。

😈 病害種類─病毒性

病毒是體積最小、結構最簡單的寄生性顆粒。這些顆粒小到必須用電子顯微鏡才能觀察。病毒的構造分為蛋白質外殼，和內含的遺傳物質。遺傳物質為去氧核醣核酸（DNA）或是核糖核酸（RNA），兩者不會同時存在。

病毒自己不能繁殖後代，而必須侵入寄主，如細菌、植物或動物，利用寄主的代謝系統才能繁殖。如果這些病毒感染了植物，就會引起植物病毒性病害。

病毒怎麼侵入植物？

由於病毒不具有移動能力，甚至在生物體外也無法生長，因此病毒的傳播都要借助於外力，才能侵入感染植物。一般來說，病毒的傳播媒介可以分為5種：

木瓜輪點病是一種病毒病，跟所有病毒病一樣，一旦得到是無藥可醫的，只有移除一途。

- **機械傷口**。

- **嫁接傳播**：兩植物透過嫁接相連的維管束傳播。

- **媒介昆蟲、蟎類**。

- **種子傳播**：帶病毒的植株所結種子內含病毒。

- **無性繁殖種苗**：與母株維管束相同，取其任一部分無性繁殖均會帶有病毒。

如何預防病毒病

- **使用健康種苗**：要預防得到病毒病，首先最重要的是使用健康種苗，只要是已經感染病毒病的植株、種子或是無性繁殖的種苗都不可以使用，才不會使病毒病繼續傳播。

- **清潔消毒資材**：園藝器具必須善加維護，在使用前後都必須消毒，以減少病毒的傳播。

- **防治傳播昆蟲**：病毒媒介昆蟲的防治則是最重要的一環，例如蚜蟲、葉蟬及薊馬等刺吸式口器的昆蟲，常常是傳播病毒的媒介，所以病毒病與蟲害的防治是密不可分的。

如何診斷病毒病

病害的診斷，首重記錄植物種類與病徵，再與相關資料進行比對鑑定，如此便可以得知相關的防治資訊。

● 全株植物都出現相同病徵，具有系統性。

● 新葉受到感染出現病徵，但感染前正常的葉片，仍維持正常。

● 感染後繼續長出之新葉都有相同病徵，而且更嚴重。

● 已出現病徵的葉子老化後，因葉綠素加深，病徵會較輕微不明顯。

● 壞疽病斑的黃綠色病健部，施用殺菌劑後依然存在。

● 除非是無性繁殖的植物本身就帶有病毒，否則病毒病不會在 1～2 天感染所有植株，出現病徵。

病毒病常見病徵

● **出現嵌紋**：葉片、果實正常綠色中夾雜淺綠，花瓣正常花色中夾雜褪色。

● **出現輪點**：葉片、果實或莖上出現黃點、壞疽及輪狀紋路。

● **葉片黃化**：葉片一致變黃，葉脈變得透明。

● **生長異常**：植物生理異常、矮化、生長緩慢、產量降低及壽命縮短。

番茄發生病毒病。

這樣做病害不容易來！

　　日常園藝會用到的鋤頭、鏟子，在使用完後必須將泥土沖洗乾淨，再放置於通風處保持乾燥。刃部的正反面、接縫處及握把都必須一併清理。

　　如果是在已經發生病蟲害的區域工作，器具附著病原菌的機率更高。剪刀或是鋸子修剪生病的植物後，請勿連續重複使用，避免成為連續感染的媒介。每次使用後必須噴灑或浸入75%的酒精消毒，使用完畢後也要立即將工具清洗乾淨並晾乾，這是最基本的保養工作。

日常園藝用到的工具，使用完畢都要清洗。

刀刃處容易沾染病原，須特別清洗。

清洗務必徹底，包括鞋底及握柄處。

清洗完畢後放置通風處，保持乾燥。

🔍 觀察診斷

葉子上面有斑點、燒焦貌！
葉子的病害

〔 當真菌、細菌寄生在葉子上，就會出現斑點、焦枯及毛狀物，使植物生病！ 〕

 葉片上有白色、灰色的粉狀物！ ➡ 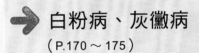 白粉病、灰黴病
（P.170～175）

 葉片上有黑色的斑點！ ➡ 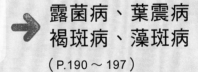 炭疽病、黑斑病
枝枯病、細菌性斑點
輪點病
（P.176～189）

 葉片上有黃色的斑點！ ➡ 露菌病、葉震病
褐斑病、藻斑病
（P.190～197）

 植物被黃色的線纏繞了！ ➡  菟絲子
（P.198）

 葉片背面有紅色的斑點！ ➡ 銹病
（P.200）

白粉病 Powdery mildew

病害分類 病害－真菌性病害
舉例植物 小黃瓜 *Cucumis* spp.
危害部位 葉
好發時間 10 ～ 5 月，冷涼溼度高好發

🌱 異常狀態及特徵

　葉片有白色、粉狀斑點，斑點可能密集，後擴大集合成一片粉狀物，嚴重處顏色為灰白色，葉片因此皺縮、枯黃。

高溼、通風不良易罹病

白粉病菌喜歡溼度高、通風不良、光照不足的環境，所以植株下位葉、內側葉片、過度茂密的枝葉間容易發生。

正常葉與病葉比較

白色粉狀物為辨識重點

健康葉片沒有白色粉狀物，且沒有枯黃病斑，對比白粉病危害的葉片，外觀差異非常明顯。

白粉病發生的外觀像是有粉狀物附著，這些粉狀物是此真菌的孢子及菌絲在植物體表生長。白色粉狀物初期產生圓形病斑，是因為個別為不同的病發點產生，最後擴大集合在一起，形成一片粉白。

😈 生態及危害習性

　　白粉病是由子囊菌門的Erysiphaceae科引起的病害，白粉病孢子經空飄至植物葉片，發芽後產生發芽管，於寄主體表產生附著器，侵入植物細胞，以吸器吸取細胞養分。這些外部孢子、發芽管、菌絲等，就是外觀所見的白色粉狀物。

　　主要危害新葉、葉，也可能會延伸至葉柄、莖、蔓，但不危害根部。

　　白粉病的孢子喜歡冷涼，攝氏25度左右最適合生長，在溼度高但少雨的季節更嚴重。夏季7～9月因高溫及降雨因素，反而較少看到。

🧴 防治方法

● 白粉病菌喜歡溼度高、通風不良、光照不足的環境，所以應保持通風，勿過度密植。

● 適度以水柱清洗葉面，可相對減少白粉病發生，但要注意引起其他真菌、細菌性病害。

● 減少施用氮肥。

● 施藥防治：使用波爾多液或石灰硫磺合劑噴灑在植物全株表面。→詳細作法參考page246
「各類病害的應對方法」

🌿 常見受危害的植物

玫瑰花、金露花、茉草、瓜類、菊科、紫薇、其他多種園藝植物。

紫薇 *Lagerstroemia* spp.

紫薇罹病貌

過度茂密的新葉、葉，因通風不良、光照不足而容易發生白粉病。

葉正面及背面都可以發現白粉病病兆。

受危害的新葉，嚴重時變黑枯萎。

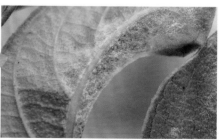

近觀葉片，可發現白色粉狀物。

小槐花 *Desmodium caudatum*

小槐花（茉草）發生白粉病

過度茂密的新葉、葉，因通風不良、光照不足而容易發生白粉病。

罹病初期，新芽、葉片出現白粉，捲曲皺縮。

中期葉脈間枯黃，後期整個枝條乾枯、死亡。

灰黴病 Gray mold

病害分類 病害－真菌性病害
舉例植物 麒麟花 *Euphorbia milii*
危害部位 葉
好發時間 11～3月，低溫高溼環境

🌿 異常狀態及特徵

　　受感染的葉病徵初期，出現透明水浸狀小斑點，之後變為褐至紅褐色，病斑從邊緣呈V字形擴展，邊緣不規則具深淺相間輪紋。環境潮溼下，可以看見「灰黴」，滿布灰褐色之黴狀物，為病菌之分生孢子。

紅褐色病斑為辨識重點

低溫高溼的環境，葉面澆水容易導致灰黴病。

😈 生態及危害習性

灰黴病是由*Botrytis cinerea*引起的病害,可在土壤及各種植體殘株上存活生長,適當的環境下,在短時間內可形成大量的分生孢子,藉空氣、雨水及外力碰撞作為第二次感染源傳播。

植物各部位都會受到危害,包括葉片、嫩莖、花、果柄、果實。罹病部位呈褐色,後期長出許多灰褐色粉末狀孢子,被害部位軟化。好發於低溫高溼的環境,在攝氏10～20度最容易發生,所以在每年11月～隔年4月梅雨季須要注意防範。

葉片有褐至紅褐色V字形病斑,邊緣不規則具深淺相間輪紋。

🧴 防治方法

● 改善栽培環境,使通風良好、降低溼度,可有效減少灰黴病發生。

● 避免葉面留水分,減少直接澆水到葉片上。

● 施藥防治:使用波爾多液或石灰硫磺合劑噴灑在植物全株表面。→詳細作法參考page246「各類病害的應對方法」

🌿 常見受危害的植物

草莓、番茄、玫瑰、菊花、花卉類、觀葉植物類等。

溼度高的環境,可以發現有「灰色黴狀物」。

炭疽病 Anthracnose

病害分類 病害－真菌性病害
舉例植物 巴西鐵樹 *Dracaena fragrans*
危害部位 葉
好發時間 全年，5 ～ 10 月高溫多溼好發

異常狀態及特徵

初期出現針尖狀褪色小斑點，逐漸擴大，顏色加深成黃褐色斑點。出現同心輪紋病斑，病斑有時會出現黑色小斑點。

病斑的發展受植物的健康狀況而定，可能為圓形或不規則形，嚴重時病斑互相癒合，變成不規則形之大病斑。病斑後期會變成壞疽，最後脫落變成破洞。炭疽病會導致葉片褐化、乾枯、甚至落葉。

生態及危害習性

炭疽病是由 *Colletotrichum* spp.引起的病害，是最常見的葉部病害，幾乎所有園藝植物都可能發生。

炭疽病一般而言全年皆會發生，但在高溫多溼的季節，尤其是風雨過後，如梅雨季或颱風季，發生更為嚴重。在外表健康的葉片上可能潛伏感染，於適當的環境下或植株老化、衰弱時，才表現病徵。密植或環境不佳時，也容易染病。

黃褐色同心輪紋病斑為典型病徵

從葉尖往內發展，可見不規則斑紋。最初期針尖狀褪色小斑點，逐漸擴大，顏色加深成黃褐色斑點，可能從葉尖、葉緣、或是任何表面入侵出現。

新葉自葉緣受到炭疽病感染。

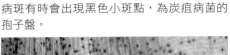

病斑有時會出現黑色小斑點，為炭疽病菌的孢子盤。

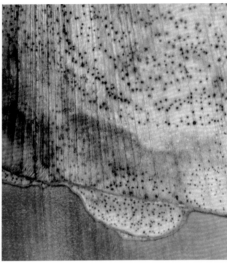

🧴 防治方法

● 改善栽培環境，使通風良好、降低溼度，可有效減少炭疽病發生。

● 減少施用氮肥，增加植株之抵抗力，減少炭疽病發生。

● 施藥防治：使用波爾多液或石灰硫磺合劑噴灑在植物全株表面。→詳細作法參考page246
「各類病害的應對方法」

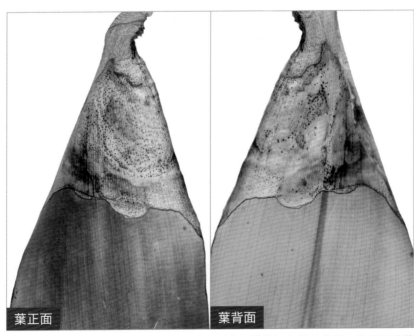

葉正面　　葉背面

炭疽病斑可見環狀病斑，環狀的開始處即是病原菌最初入侵的位置，常可見從葉尖開始感染。

🍂 常見受危害的植物

幾乎所有園藝植物都有可能發生。

毛萼口紅花 *Aeschynanthus* spp.

毛萼口紅花葉罹病貌

葉片出現深褐色斑點。

病斑有時會出現黑色小斑點。

深褐色病斑擴大後，中間轉為淡褐色。

仙丹花 *Ixora* x *williamsii*

下位葉、積水處容易罹病

仙丹花下位葉容易發生，發生後葉片易黃化。

仙丹花葉尖、緣，下雨過後易積水處，容易發生炭疽病。

甘藷（地瓜）*Ipomoea batatas*

健康不佳易染病

甘藷葉在健康狀況不佳時，如遇高溫多溼，容易感染炭疽病。

近看可發現焦枯與健康部位呈現黃綠色的「病健部」。

蘭嶼肉桂 *Ixora* x *williamsii*

蘭嶼肉桂葉罹病貌

受害葉片黃化。其他葉片可見初期針尖狀褪色小斑點。

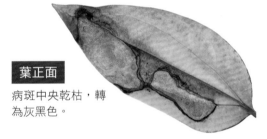

葉正面

病斑中央乾枯，轉為灰黑色。

葉背面

葉背可見褐色同心輪紋病斑。

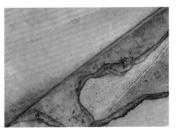

病斑有時會出現黑色小斑點，為炭疽病菌的孢子盤。

蜀葵 *Alcea rosea* | 萳苣 *Althaea rosea*

蜀葵罹病貌

感染初期出現針尖狀褪色小斑點。

中期病斑逐漸擴大,中央變成褐色。病原也可能從邊緣入侵,出現 V 字形病斑。

嚴重感染的葉片黃化、枯萎及提早落葉。

常見的蔬菜萳苣也易罹病

葉片初期出現針尖狀褪色小斑點。

病原也會由嫩葉葉緣侵入,而引起葉緣焦枯。

葉片內部不通風處,出現點狀褐色小斑點。

使用噴灌的澆水方式，因水分噴濺更容易發病。

福木 *Garcinia* spp.

CH1
・索引

CH2
・觀念

CH3
・蟲害

CH4
・病害

CH5
・防治

罹病的福木葉褐化

福木過度密植，容易發生葉斑病。

 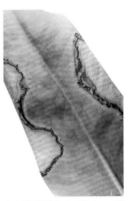

最初由葉片邊緣開始出現褐化。

之後逐漸向內擴大，舊病部則乾枯呈灰褐色。

茶 *Camellia sinensis*

茶赤葉枯病也是炭疽病的一種

茶炭疽病又稱「茶赤葉枯」，風雨過後容易發生。葉片初期有黃綠色小點，擴大後顏色加深，上有黑色小點，老病斑則變為乾枯灰色。

病斑周圍可見黃綠色的病健部。

黑斑病 Black Spot

病害分類 病害－真菌性病害
舉例植物 玫瑰 *Rosa rugosa*
危害部位 葉
好發時間 5～10月，高溫多溼好發

異常狀態及特徵

典型的病徵是葉片出現紫褐色斑點，後逐漸擴大，形成圓形或不規則形，病斑與健全部分界線有黃綠色暈環，稱之為「病健部」，在老葉上更容易發現。

後期病斑中央轉為灰白色，上面可見黑色小顆粒，就是此菌的分生孢子。最後葉子黃化、落葉。

生態及危害習性

玫瑰黑斑病是由*Diplocarpon rosae*感染引起的，是玫瑰最常見的葉部病害，幾乎所有種植的玫瑰都可以發現。

黑斑病於高溫多溼時危害嚴重，一般而言台灣氣候環境皆容易發生，尤其是夏天風雨過後。黑斑病危害處的菌絲及分生孢是主要的感染源，分生孢子在高溼度時，會產生白色、粉紅色黏液狀擴散，藉由風、雨水等傳播。

葉面出現紫褐色斑點為典型病徵

葉片有紫褐色斑點，圓形或不規則形，在老葉容易發現。

🧴 防治方法

- 控制環境溼度，避免土壤及植株經常保持濕潤狀態，可以減低發病率。

- 清除染病枝葉，減少感染源。

- 適度修剪，加強通風及光照。

- 施藥防治：使用波爾多液或石灰硫磺合劑噴灑在植物全株表面。→ 詳細作法參考page246「各類病害的應對方法」

🌿 常見受危害的植物

各品種玫瑰。

病斑與健全部分界線有黃綠色暈環「病健部」。

圓形病斑外圍略顯放射狀，病徵後期導致葉片黃化、枯萎。

葉正面

葉背面

黑斑病在葉正面及背面，均可觀察到病徵。

葉片上有黑色的斑點！

枝枯病 Twig blight

病害分類 病害－真菌性病害
舉例植物 龍柏 *Juniperus chinensis*　裂葉福祿桐 *Polyscias fruticosa*
危害部位 葉、枝條
好發時間 高溫多溼好發

異常狀態及特徵

枝條及葉變褐色枯死，後期轉為灰褐色，枯死的枝條生出許多粉紅色的小點。

生態及危害習性

龍柏枝枯病是由*Pithya cupressi*感染引起的，危害枝條及葉。過度潮溼、密植及光線不足的環境，容易導致枝枯病發生。

受害枝葉轉黑褐色

龍柏

枝條及葉變褐色枯死，後期轉為灰褐色。

🧴防治方法

● 改善栽培環境，維持通風良好、降低溼度，可有效減少發生。

● 修剪病枯枝，集中燒毀。

● 施藥防治：使用波爾多液或石灰硫磺合劑噴灑在植物全株表面。

→詳細作法參考page246「各類病害的應對方法」

🌿常見受危害的植物

龍柏、福祿桐、松類等多種景觀樹木。

龍柏

澆水器噴灑處過於潮溼，導致被噴到處發生枝枯病死亡。

葉片變黃

福祿桐

福祿桐

黃化的葉片向內尋索，可發現對應的枝條出現黑色斑點，即是感染所在。

福祿桐受危害導致葉部黃化。

受危害的小葉出現黑色斑點。

福祿桐

185

細菌性斑點 Bacterial spot

病害分類　病害－細菌性病害
舉例植物　嘉德利亞蘭 *Cattleya Hybrida*
危害部位　葉、莖
好發時間　全年，高溫多溼好發

異常狀態及特徵

　　常見的葉部病害。感染後，葉片上首先出現水浸狀小斑點，後來逐漸擴大，有些成不規則褐色或黑褐色壞疽病斑，周圍具明顯黃暈；有些則繼續擴展，成為橢圓形或長條形水浸狀褐色或黑褐色斑塊或斑條。手觸感堅硬，擠壓會溢出白色的菌泥。

　　發病嚴重時導致整葉黃化或乾枯。如病菌感染至生長點，則整株植物很快就會死亡。

淡褐色水浸狀斑點為辨識重點

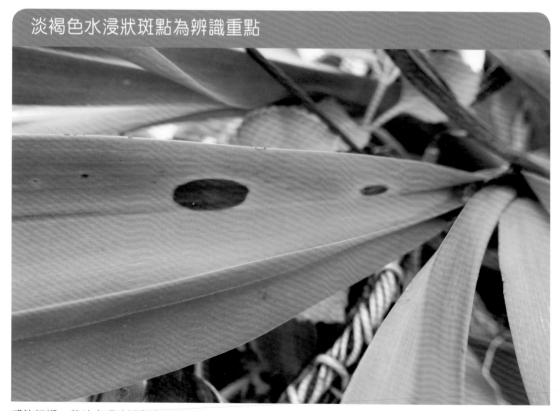

感染初期，葉片出現淡褐色水浸狀斑點。

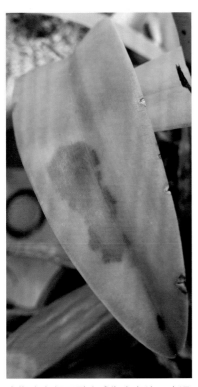

中期病斑相互融合成為大斑塊、水浸狀斑塊。

後期擴大成為褐或黑色的不規則凹陷,最後壞疽。

😈 生態及危害習性

　　高溫潮溼環境好發,尤其下雨過後,氣溫在攝氏30度時最容易發生,這時水浸狀病斑處會溢出白色菌泥,此即為具有感染力的細菌。這些細菌會藉由葉面澆水、噴霧或施肥,傳播感染健康的植物。

🧴 防治方法

● 改善栽培環境,減少種植密度,避免葉片互相摩擦出現傷口。

● 提高空氣對流,降低溼度。

● 病株立即隔離,修剪器具及傷口均須消毒。

● 施藥防治:使用波爾多液或石灰硫磺合劑噴灑在植物全株表面。→詳細作法參考page246「各類病害的應對方法」

🌿 常見受危害的植物

　　蝴蝶蘭、嘉德利亞蘭、多肉植物、非洲堇、大岩桐等。

病毒輪點病 Papaya ringspot

病害分類　病害－病毒病
舉例植物　木瓜 *Carica papaya*
危害部位　全株
好發時間　全年，蚜蟲傳播

🍃 異常狀態及特徵

　新葉黃化變小，展開後呈現明顯斑駁嵌紋、皺縮畸型。植株矮化，生長受阻，果實發育不良甚至畸型，並出現同心輪紋，甜度降低。後期葉緣焦枯，老葉脫落，只剩頂端淡黃色新葉。

斑駁嵌紋、皺縮畸型為辨識重點

木瓜感染病毒後，葉片呈現明顯斑駁嵌紋、皺縮畸型，影響植物生長。

😈 生態及危害習性

　　木瓜輪點病是由Papaya ringspot virus, PRSV感染引起。本病毒由汁液傳播，因此器具或人造成的傷口，均可將病毒傳染至健康株。傳播媒介為蚜蟲，但蚜蟲以「非持續性」方式傳播病毒，意思是蚜蟲取食生病的木瓜後，2小時內取食健康的木瓜才會傳染。因此，本病的傳播速度，主要決定於有翅型蚜蟲的多寡，及病株之多寡與距離。

🧴 防治方法

● 病毒病發生後無藥劑可防治，應直接銷毀植株。

● 遠離流行區或隔離種植區域，並隨時砍除病株。

● 修剪器具及傷口均須消毒。

🌿 常見受危害的植物

　　木瓜。

木瓜感染本病毒後新葉黃化變小。

老葉葉背則出現不規則之水浸狀輪紋。

露菌病 Downy mildew

病害分類 病害－真菌性病害
舉例植物 小黃瓜 *Cucumis* spp.
危害部位 葉
好發時間 10～5月，冷涼陰雨好發

🍃 異常狀態及特徵

受感染的葉片出現淡黃色小斑點，病斑初期侷限在葉脈之間，可能會擴大呈「角斑」狀。如有雨水或溼度高時，在葉背面產生灰黑色粉狀物。嚴重時病斑擴大互相融合，使整片葉很快變黃，最後枯死。

😈 生態及危害習性

露菌病普遍發生在瓜類葉片，由 *Pseudoperonospora cubensis* 感染引起。

露菌病好發於冷涼高溼的環境（溫度攝氏20度是露菌病菌最適合的生長溫度）。露菌病藉由病葉或土壤中殘存的孢子感染，因此豪雨過後、排水不良造成的水分噴濺，容易造成大發生。栽培環境如果通風或排水不良、密植、施肥氮肥過多，也容易發病。

淡黃色斑點為罹病特徵

露菌病斑初期侷限在葉脈之間，呈現「角斑」。後期漸擴大集合，最後枯黃。

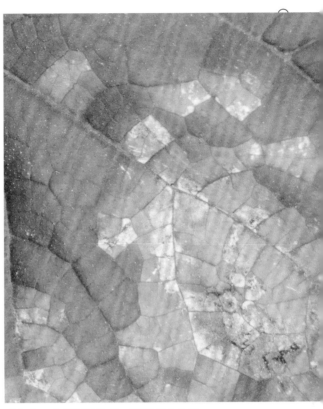

露菌病菌喜歡溼度高、通風不良、光照不足的環境，所以下位葉、內側葉片容易發生。下方葉片也可以看到白粉病發生。

「角斑」後期迅速枯黃，影響光合作用。

🧴 防治方法

● 露菌病菌喜歡溼度高、通風不良、光照不足的環境，所以應保持通風，勿過度密植。

● 減少土壤水分噴濺，避免病菌隨水傳播。

● 減少施用氮肥，避免徒長，可減少露菌病發生。

● 一旦發現病葉，立即摘除，避免成為傳染源。

● 施藥防治：使用波爾多液或石灰硫磺合劑噴灑在植物全株表面。→詳細作法參考page246
「各類病害的應對方法」

🌿 常見受危害的植物

胡瓜、甜瓜、小黃瓜、香瓜等餘40種葫蘆科瓜類；十字花科葉菜類。

葉震病 Needle cast of Pines

病害分類 病害－真菌性病害
舉例植物 松 *Pinus* spp.
危害部位 葉
好發時間 5 ～ 10 月，高溫多溼好發

罹病出現黃褐色斑點

葉片出現許多黃色或黃褐色的斑點。

異常狀態及特徵

病原孢子入侵針葉後，造成葉片產生黃色或黃褐色的斑點。隨著病情進展，在針葉上形成一節一節的黃褐色病斑，並且有深褐色的帶狀線，最後導致針葉黃化、枯死。枯死的葉片形成細小的黑色斑點，稍微突起，這即是病原菌的子囊果。一般而言，不會立即造成松樹死亡，但會使樹勢衰弱。

生態及危害習性

葉震病是由真菌*Lophodermium pinastri*引起的病害，為松樹常見的葉部病害。

葉震病在宿主上殘存越冬，等天氣回暖後，繼續擴大感染，通常在初夏時導致針葉死亡，秋天時在枯死的葉片形成孢子，藉由空飄接觸傳播，尤其是下雨或溼度高時，有利於孢子入侵針葉，並藉此越冬。

葉震病　　　　介殼蟲

針葉上的斑點，有突起的是褐圓盾介殼蟲危害。無突起、有黃綠色病健部的才是葉震病。

防治方法

● 清除染病枝葉，減少感染源。

● 適度修剪，加強通風及光照。

● 施藥防治：使用波爾多液或石灰硫磺合劑噴灑在植物全株表面。防治施藥於秋天孢子形成時最佳，每2星期1次，共3次。→詳細作法參考page246「各類病害的應對方法」

常見受危害的植物

溼地松、琉球松、黑松。

針葉上一節一節的黃褐色的病斑，有深褐色的帶狀線。

褐斑病 Phyllosticta leaf blight

病害分類　病害－真菌性病害
舉例植物　桂花 *Osmanthus fragrans*
危害部位　葉
好發時間　5 ～ 10 月，高溫多溼好發

🌿 異常狀態及特徵

　　感染初期，葉尖及葉緣出現淡褐色小斑點，後逐漸擴大為不規則形的病斑，後期變成灰褐色，上面有許多黑色小點，即為病原菌的柄子殼。

褐斑病是桂花最常見的葉部病害

幾乎所有的桂花都可能罹患褐斑病，從葉尖或邊緣出現病斑。

😈 生態及危害習性

　　桂花褐斑病是由*Phyllosticta osmanthicola*引起的葉部病害，幾乎所有的桂花都可以發現。高溫高溼氣候最容易發生，尤其是植株衰落，加上通風不良時，發病更為嚴重。

🧴 防治方法

● 保持通風，避免葉面澆水，土壤切忌積水。

● 剪除病葉丟棄，加強植物栽培管理。

● 施藥防治：使用波爾多液或石灰硫磺合劑噴灑在植物全株表面。

→詳細作法參考page246「各類病害的應對方法」

🌿 常見受危害的植物

　　桂花。

病原從葉尖感染，會逐漸往基部發展，常可達到半片葉大。

病斑初期為淡褐色斑點，可能從葉緣或是表面入侵。

灰褐色的老病斑上有黑色小點，為病原菌的柄子殼。

藻斑病 Algal leaf spot

病害分類 病害－藻類病害
舉例植物 茶 *Camellia sinensis*
危害部位 葉，主要危害老葉正面
好發時間 全年，高溫多雨好發

異常狀態及特徵

初期葉部正面產生褐色點狀圓形或十字形斑點，後以放射狀向四周發展為圓形至不規則形突起病斑。

病斑類似附著物，稍微隆起，顏色灰綠、褐色或灰白色，表面光滑有纖維狀紋理，邊緣不規則。

葉上出現突起附著物為辨識重點

藻斑病在下位老葉容易發生。

😈 生態及危害習性

藻斑病又稱「白藻病」，是由藻類*Cephaleuros virescens*寄生引起的。最初感染源為游走孢子自葉表皮侵入寄生。成熟後，雨水噴濺沖刷病斑以傳播藻斑病。

藻斑病在高溫多雨季節容易發生，入冬氣候轉涼及乾燥，危害程度便輕微許多。在通風不良、密植或溼度高的地區，則全年都可見危害。

🧴 防治方法

● 剪除病葉。

● 降低溼度，降低種植密度，保持通風。

● 施藥防治：使用波爾多液或石灰硫磺合劑噴灑在植物全株表面。→詳細作法參考 page246「各類病害的應對方法」

藻斑病與銹病怎麼區分？

藻斑病和銹病都會造成葉片產生橘紅色突起的病兆，因此常被俗稱為「紅菇」。但不同的是藻斑病是由寄生性綠藻引起，「紅菇」多出現在葉上表面；而銹病則是由真菌寄生引起，「紅菇」多出現在葉的背面。

🌱 常見受危害的植物

茶、含笑、玉蘭、冬青、梧桐、柑橘、荔枝、龍眼等。

葉部正面有圓形及不規則附著物。

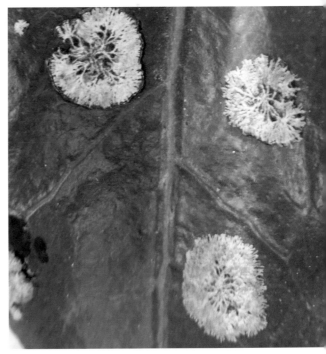

病斑近看可見放射狀擴展，表面光滑有纖維狀紋理。

菟絲子 Strangle tare

病害分類　病害－寄生植物
舉例植物　長春花 *Catharanthus* spp.　金露花 *Duranta repens*
危害部位　全株
好發時間　全年

異常狀態及特徵

植株上有淡黃色絲狀物纏繞，植株落葉，生長勢弱。

生態及危害習性

菟絲子（*Cuscuta* spp.）是一年生寄生草本植物，莖細長，淡黃色。葉退化成膜質鱗片狀，花數朵集生，花冠黃白色。種子初發芽有根，等蔓延到其他綠色植物之後，才斷開初生根，改為寄生，使用吸收根伸入其他植物維管束，吸取養分和水分生活。

李時珍在撰寫《本草綱目》時，發現菟絲子的種子在發芽過程中，長出的根形狀像兔子，所以才稱為「菟絲子」。

淡黃色絲狀物纏繞

長春花

金露花

植株上出現菟絲子淡黃色莖纏繞。

長春花

莖部被纏繞處，造成落葉。

長春花

受危害植株生長勢衰弱。

防治方法

　　菟絲子是一種寄生植物，防除上沒有一種選擇性藥劑，可以噴灑來殺死菟絲子而不傷害到作物，只能靠砍除。因此一旦發現，立即仔細移除所有菟絲子，包括種子等殘體。

　　但如果有部分菟絲子植物殘體沒有清除乾淨，仍寄生於植物上，即會迅速繁殖恢復，所以不容易根除。

常見受危害的植物

　　長春花、金露花、各種樹木及植物。

金露花

菟絲子的莖部向上延長生長，一旦碰觸到周圍植物，便附著寄生，藉此傳播，迅速擴散。

銹病 Rust

病害分類 病害－真菌性病害

舉例植物 緬梔（雞蛋花） *Plumeria rubra*

危害部位 葉

好發時間 2～5月，涼溼好發

異常狀態及特徵

　　葉正面出現點狀黃化，點狀中間轉為褐色。數量多時斑點會互相癒合。葉背面有黃色斑點，斑點稍微突起，手觸摸呈現粉狀。後期病斑處壞疽，葉片枯萎。

葉背可見大量黃色孢子堆。

葉面及葉背產生淡黃色的夏孢子堆，又以葉背的夏孢子堆數量較多。

CH1
・索引

CH2
・觀念

CH3
・蟲害

CH4
・病害

CH5
・防治

😈 生態及危害習性

俗稱「雞蛋花」的緬梔，常發現由 *Coleosporium plumeriae* 引起的銹病。此菌在葉面及葉背產生淡黃色的夏孢子堆，又以葉背的夏孢子堆數量較多。葉片受到感染後，由病斑處開始黃化，影響光合作用，最後葉片褐化、枯萎，並提早落葉。此病在涼溼的季節好發。其中夏孢子堆產生的孢子，容易隨風傳播，使危害範圍擴大，是主要的傳播管道。

🧴 防治方法

● 保持環境衛生，一旦發現病葉立即摘除，並切勿堆置於樹下，以減少傳染病源。

● 施藥防治：使用波爾多液或石灰硫磺合劑噴灑在植物全株表面。→詳細作法參考page246
「各類病害的應對方法」

🌿 常見受危害的植物

桂花、竹、相思樹、楠木、梨、玫瑰等多種植物，但不會互相感染。

葉片正面出現點狀黃化，數量多處互相癒合，後期病斑褐化。

染病葉片最後枯萎，提早落葉。

銹病是什麼？

● 大多數寄主專一

銹病是一種由擔子菌門Pucciniales目（或稱Uredinales目）真菌引起的病害，已知有100屬4000種菌會引起各種植物的銹病，危害葉、莖和果實。銹病菌是絕對寄生性，大多數寄主專一，例如緬梔銹病菌並不會感染其他植物；同理，酢醬草銹病菌只會感染酢醬草，也不會感染緬梔。

銹病病徵

紫花酢醬草葉面　　無花果葉背面

一般只引起局部侵染，受害部位因孢子堆出現不同顏色的點狀小突起或毛狀物，有的還可在枝幹上引起腫瘤症狀，並會造成落葉、生長不良等情形。

銹病菌
造成銹病的真菌

↗ 緬梔銹病菌 →

→ 酢醬草銹病菌 →

受銹病菌感染植物，皆呈現銹病病徵。

↘ 無花果銹病菌 →

多種菌類，大多數寄主專一，不同的植物銹病彼此不會互相感染。

● 最複雜的真菌生活史

銹病菌在形態及生理都有很多變化，生活史在真菌中最為複雜。銹病菌有多種不同類型的孢子，例如受害部產生的黃銹色小突起（夏孢子堆）、黑色小突起（冬孢子堆）、精子器或擔孢子器。這些生活史可能全部發生在同一種植物上，或是需要寄生在兩種不同的植物，例如梨的銹病菌冬孢子發生在龍柏上，精子器及擔孢子則發生在梨上。

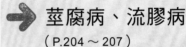

莖或根感覺怪怪的！
莖、根部的病害

當真菌、細菌寄生在莖或根上，就會出現斑點及
流膠，葉子還會萎凋，這就是植物生病了！

莖部出現斑點或
流出黏稠的膠狀
液體！

➡ **莖腐病、流膠病**
（P.204～207）

莖靠近土壤的地
方變黑色，根也
變成黑色！

➡ **根腐病、靈芝病
褐根病、細菌性軟腐**
（P.208～217）

多肉植物莖腐病 Stem rot of succulent plant

病害分類 病害－真菌或細菌性病害
舉例植物 多肉植物 Succulent plant　紅龍果 *Hylocereus* spp.
危害部位 莖
好發時間 全年，高溫多溼好發

🍃 異常狀態及特徵

莖部出現紅、黃褐色斑點，或有水浸狀軟腐病徵。

😈 生態及危害習性

俗稱的「多肉」，是指擁有肥大的葉或莖，用來儲存大量的水分，以利度過乾旱的時期。這些「肥滋滋」的部位，如果出現傷口感染，就會呈現特殊的病徵，例如黃褐色、水浸狀或軟腐。

多肉植物莖部的莖腐病由真菌或細菌感染引起，自然開口或傷口為病原主要入侵途徑，在夏季高溫、梅雨季或風雨過後容易發生。病原入侵後，最初在莖部傷口處出現紅、黃褐色斑點，或有水浸狀軟腐病徵，之後病斑逐漸擴大，相互癒合，最後軟腐。

水浸狀軟腐為辨識重點

多肉植物

初期莖部傷口處出現紅、黃褐色水浸狀軟腐病徵，之後病斑逐漸擴大，相互癒合。

🧴防治方法

● 改善栽培環境，維持通風良好、降低溼度，可減少莖腐病的發生。

● 去除罹病植株，避免傳播，並配合冬季再進行修剪。

● 修剪工具須進行消毒作業，如浸泡酒精後使用。

● 修剪的傷口以波爾多液消毒保護。

● 施藥防治：使用波爾多液噴灑在植物全株表面。→詳細作法參考page246「各類病害的應對方法」

🌿常見受危害的植物

多肉植物、仙人掌類、火龍果等。

表面出現黃、紅色斑點

後期病徵轉為黑褐色腐爛狀。

紅龍果

紅龍果潰瘍病由 *Neoscytalidium dimidiatum* 感染引起，莖表面有黃、紅色斑點，潰瘍狀病徵。莖部潰瘍有稍微禿起。（本研究內容由葉洹瑜提供）

仙人掌

仙人掌莖部出現黑色水浸狀軟爛，病徵逐漸侵染整個莖部。

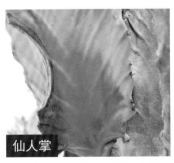

仙人掌

受感染初期，呈現淡褐色病徵，莖部輕壓軟化。

仙人掌

受害處切開，內部變成黑色，並散發異味。

流膠病 Gummosis

病害分類 病害－真菌性病害
舉例植物 桃 *Prunus persica*
危害部位 莖
好發時間 3～6月，溫暖多溼好發

異常狀態及特徵

桃流膠病是常見的枝幹病害，樹幹傷口受到真菌感染，剛開始出現暗褐色，表面溼潤，之後流出黃褐色稠黏膠液，尤其是雨天流出更多。膠體有異常氣味。

黃褐色黏稠膠液

樹幹受到昆蟲蛀蝕，產生的傷口受到感染，開始流膠。

😈 生態及危害習性

桃流膠病是由*Botryosphaeria dothidea*感染所引起，主要依賴露水、雨水及風傳播，下雨期間越長、雨量越多，孢子釋放的數量就越多，尤其是溫暖多雨天氣有利發病，但進入夏天高溫時，病害就會趨緩。

菌絲體、柄子殼或子囊殼等在罹病組織或枯死枝幹上存活、越冬，若果園附近栽植有梨、梅、李、葡萄等寄主植物，也可能為病原菌存活及越冬的場所。病原菌可經由皮孔侵入感染健康枝條，而傷口則有助於病原菌快速侵入感染及纏據組織。

枝條同樣也會出現流膠現象。

🧴 防治方法

● 傷口清創及保護：將流膠傷口刨除乾淨，並以波爾多液塗抹保護。

● 冬季進行清園工作，病枯枝應集中燒毀，如果有害蟲啃食出現傷口，噴波爾多液預防。

→詳細作法參考page246「各類病害的應對方法」

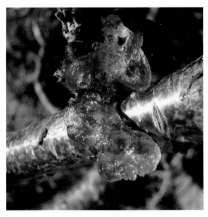

流膠呈現黃褐色黏稠膠液，撥開內部有異味。

🌿 常見受危害的植物

薔薇科梨、梅、李、櫻花及葡萄等，但流膠情形以桃樹最嚴重。

根腐病 Root Rot

病害分類　病害－真菌性病害
舉例植物　薰衣草 *Lavandula* spp.
危害部位　根
好發時間　全年，高溫多溼好發

異常狀態及特徵

　　薰衣草枝葉萎凋、乾枯，根系褐化、腐敗，有惡臭味，而且根部的細根幾乎全部消失，失去吸水能力，導致植株迅速死亡。

生態及危害習性

　　薰衣草的根腐病主要由 *Pythium* spp. 和 *Phytophthora* spp.感染所引起，俗稱「疫病」。梅雨季、夏季颱風高溫期最容易發生，尤其是豪雨過後。植株染病後迅速萎凋、枯死，導致夏季難以栽培。薰衣草原產地中海地區，夏季雖高溫但雨量少且乾燥，不易發生此病害。故台灣栽培多以冬季冷涼季節較適合，夏季普遍生長情況較差，甚至無法度夏，也因此薰衣草在台灣常被認為是一年生植物。

受感染的植株將迅速枯死

從右至左，健康與感染根腐病的薰衣草，枝葉萎凋的情況。

🧴 防治方法

● 使用乾淨的土壤種植。

● 注意控制水分，避免土壤一直
處於潮溼狀態。

● 夏日移植陰涼處種植，降低溫
度及風雨噴濺。

🌿 常見受危害的植物

各品種薰衣草及香草植物。

感染根腐病的薰衣草出現枝葉萎凋。

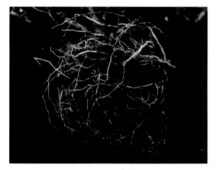

根部褐化、腐敗，有惡臭味。

「水耕植物」老是爛根？

水耕種植或扦插發根時，植株常常因為水質
劣化或缺氧，病原菌滋生導致爛根。要改善這
種情況，最簡單的方法就是「常常換水」，不
但可以保持水質良好，也能減少病原菌。

正常根與病害根比較

健康的根部應為白色。

褐化則已經罹患根腐病。

（本研究內容由陳思羽提供）

209

靈芝病 Ganoderma Root Rot

病害分類 病害－真菌性病害
舉例植物 榕樹 *Ficus microcarpa*
危害部位 莖、根部
好發時間 全年

寄生於樹木的靈芝

榕樹莖基部及地表的根部出現靈芝。

靈芝寄生在地表的莖、根部位。

靈芝為擔子菌的子實體，質地木栓質，類似樹皮、軟木塞的質感。表面黃褐色至紅褐色。

🍃 異常狀態及特徵

茎基部及地表的根部變黑，沾黏土壤，或出現靈芝，周圍可能有黃褐色粉末。

😈 生態及危害習性

靈芝病是一種真菌類的擔子菌危害，表面褐黃色或是紅褐色。雖然主要是寄生於樹木的木材組織，但對於樹勢較差的樹木，也會危害樹皮的維管束組織，導致樹木葉片黃化、全株枯萎。樹木從發病到枯死歷程較長，需要數年以上，屬於慢速萎凋病。

> ### 靈芝是什麼？
>
> 靈芝是真菌的子實體，也就是真菌繁殖的組織。有些種類可以作為「藥用」，有些則可能有毒。但不管哪一種，如果寄生在樹木上，對樹木來說就是一種「病蟲害」，最終可能會導致死亡。

🧴 防治方法

● 清除靈芝（移除子實體），可減少擔孢子的傳播。

● 避免樹木出現傷口，如人為的割草或是其他作業的傷害。如果不小心出現傷口，以酒精消毒後保持乾燥，減少感染機會。

🌿 常見受危害的植物

榕樹、相思樹、盾柱木、木麻黃、樟樹等多種闊葉樹及針葉樹。

褐根病 Brown Root Rot

病害分類 病害－真菌性病害
舉例植物 榕樹 *Ficus microcarpa*
危害部位 莖、根部
好發時間 全年

🍃 異常狀態及特徵

樹木地上部全株葉片黃化、萎凋，最後快速枯死。莖基部有褐色混合土壤的附著物。

⚙ 形態特徵

褐根病是一種根部的真菌性病害，由*Phellinus noxius*引起，雖然是叫「褐」根病，但是屬於腐朽菌的白腐病菌類，能分解木質素（lignin），造成木材呈現海綿狀。因樹木染患後幾乎無法治療，又因發現時往往已屬後期，故又稱「樹癌」。褐根病主要感染根部，當地上部葉片出現黃化、萎凋、落葉的病徵時，常常已經為時已晚。

診斷 1 黃至深褐色菌絲面為判斷重點

地際部主莖及根部，表面有黃色至深褐色的菌絲面。圖片提供／李韋辰

菌絲面近觀，常沾黏泥土，呈現黑色髒汙狀。

圖片提供／李韋辰

菌絲面初期白色，後轉為褐色，沾黏土石。

😈 生態及危害習性

診斷 1

　　早期診斷上，可以觀察接近地際部主莖及根部，往往有黃色至深褐色的菌絲面包圍其表面，是第一大判斷依據。另外，也可挖開根部，雖然根部的菌絲面常沾黏泥土，比較不明顯，但還是可以輔助判斷。

診斷 2

　　疑似感染的部位，可敲開樹皮，觀察木材組織是否有「黃褐色網紋」，且腐朽木材變輕、乾燥、呈海綿狀，此為第二大判斷依據。如發現上述病徵與病兆，幾乎可以確定感染褐根病。如需確診，可將木材以夾鏈袋密封，轉寄有關單位檢驗。

　　感染褐根病的樹木，因根部腐朽失去抓地力，容易倒伏，是現在都市樹木最棘手的病害之一。且病土及殘根可能具有傳染性，再植樹木也可能受到傳染，因此樹木褐根病的正確鑑定與管理，是急迫且重要的工作。

🫙 防治方法

● 確定染病的樹木，須連根部一併移除燒毀。並建議暫勿再補植樹木。

● 目前無有效治療方法。

🍃 常見受危害的植物

● 多種闊葉樹及針葉樹。

● 極感病（容易得到）的園藝植物有茉莉花、黃槐、黃花夾竹桃、金露花、西洋杜鵑、聖誕紅、櫻花、黃金風鈴木。

罹病根部容易沾黏土石，且海綿化，容易斷裂。

診斷 2 木材組織有黃褐色網紋

撬開木材組織觀察，可見黃褐色網紋，是判斷染患褐根病的依據之一。

不容易得褐根病的樹

根據研究[1]，我們可以選擇種植下列這些植物及果樹，較不容易得病：

抗病等級	果樹	觀賞植物
中等抗病	龍眼（綠皮）、番石榴、蛋黃果、毛柿、香果	雞蛋花、垂榕
抗、耐病	蘋果、蓮霧、圓滑番荔枝、刺番荔枝、廣東檸檬、扁櫻桃	黃金榕
極抗（耐）病	檬果（愛文/在來種）、柑桔（酸桔、柳橙、苦柚）	黑板樹

1 安寶貞、蔡志濃、王姻婷、謝美如(1999)。果樹及觀賞植物對Phellinus noxius之抗感病性檢定。植物病理學會刊，8，61-66。

都市樹木最棘手的樹癌—褐根病

櫻花

當地上部葉片出現黃化、萎凋、落葉的病徵時，根部已經全數染病末期，再搶救已為時已晚。

細菌性軟腐 Bacterial Soft Rot

病害分類 病害－細菌性軟腐
舉例植物 丹參 *Salvia miltiorrhiza*
危害部位 莖冠部
好發時間 全年，高溫多溼好發

病害葉出現萎凋病徵

丹參細菌性軟腐病類似全株缺水。

病株葉片萎凋會垂於地面，但並不枯黃。　　病株冠部剖開後，可見中央髓部褐化軟腐，並延伸至根部。

🍃 異常狀態及特徵

　　發病初期呈現萎凋病徵，類似全株缺水，葉片萎凋會垂於地面，但並不枯黃。撥開莖葉可發現地基部脆弱腐爛，輕拉後會由地基部斷裂，造成「斷頭」現象。

😈 生態及危害習性

　　丹參的細菌性軟腐病是由*Pectobacterium carotovorum*感染引起，在高溫潮溼的環境好發，尤其下雨過後溼度高時，水浸狀冠部具有感染力的細菌，可能會藉由葉面澆水、噴霧或施肥，傳播感染健康的植物。

🧴 防治方法

● 改善栽培環境，減少種植密度，避免水分噴濺。

● 病株立即移除丟棄，修剪器具及傷口均須消毒。

🌿 常見受危害的植物

　　蘿蔔、高麗菜等。

（本研究內容由林奕德提供）

沒有發現蟲與病，我的植物還是長不好！

　　植物需要適當的環境才能正常生長，如果環境的因子不適當，植物生長就會受抑制，也會表現出不正常現象。

　　環境因子包括光線、空氣、溫度、水分、溼度、介質、介質酸鹼度、養分缺乏或過量、機械傷害等。這些環境因子導致的異常，由於不是生物造成，所以不會傳染，我們稱之為「非傳染性病害」。我們可以藉由改善這些不利條件，來保護植物。

😀 水分過多

　　如果澆水頻率太頻繁，或是澆水方式錯誤，造成土壤介質中水分過多，根部長期浸在水中，就會導致根部缺乏氧氣，引起腐爛，尤其在高溫時更為嚴重。

異常狀態

　　植物根部的水分過多，會引起下列不良現象：

● **植物生長緩慢**：厭氧性微生物繁殖，產生有毒物質，阻礙根部發育，使植物生長緩慢。

● **植物易受病害感染**：植物吸收過量水分，導致細胞間隙充水，容易被病原菌入侵，發生病害。

● **容易發生裂果**：如桃、柑橘及番茄，果實在成熟期如水分供應過多，則會發生裂果。

● **發生水腫**：植物葉背或莖部形成小腫塊，是因為根吸收水分比葉片失水速度快，導致細胞膨脹破裂，然後死亡變色，一開始呈現淺綠色，後變成褐色木質化。

● **植株萎凋**：根部腐爛後無法繼續吸取水分，地上部萎凋。

😈 水分缺乏

如果忘記澆水，會導致植物發生「暫時性萎凋」，整株植物看起來垂頭喪氣的樣子，這時趕快補充水分，植物就會恢復生機。

但如果長期缺乏水分，則會造成生長遲緩、植株矮化、枝條及葉片焦枯、落葉，甚至萎凋死亡。一般來說，一年生草花類對於缺水較多年生木本植物敏感，照顧更要注意。

異常狀態

水分缺乏會引起下列病徵：

● 萎凋。

● 葉片及尖部下垂。

● 根毛死亡。

● 細胞分裂停止，但促進分化。

● 植株矮化，節間縮短，葉面積變小。

正確的澆水方法

盆器栽種的植物，每次澆水應該澆水至底部流出，等待水分流乾後，再重複澆水一次，確保土壤介質中的空氣得到交換，並且充分吸收水分。

判別澆水時機，以手指伸入土壤中，深度約為一指節5公分，如發現下層土壤已經乾燥，才進行新的一次澆水。

彩葉草　澆水前

彩葉草　澆水後

如果是「暫時性萎凋」，補充水分後，植物很快就會恢復生機。

😈 營養缺乏病

　　植物生長需要礦物質營養，適度的施肥可以提供植物所需。植物一旦缺乏礦物質，如氮、磷、鉀、鈣、鎂、鐵等，葉片就會出現相對應的病徵。因此，一般來說我們可以藉由觀察葉片，來診斷是否缺乏礦物質營養。

秋葵

艷紫荊

杜鵑

新葉葉脈間黃化是缺鐵，老葉葉脈間黃化是缺鎂。

植物少了哪種營養？

鐵（Fe）
新葉葉脈間黃化。

鈣（Ca）
新葉變形
分生組織發展受阻

氮（N）
老葉黃化
植株矮小，葉片變小

鎂（Mg）
老葉葉脈間黃化。

鉀（K）
老葉葉緣、葉尖焦枯壞疽

磷（P）
老葉顏色加深，紅色壞疽

😈 施肥過多

　　施肥過多會造成土壤中的鹽分太高，使得水勢能（water potential）降低。由於水分總是由「水勢能高處往低處流」，所以當水勢能因鹽分累積而降低時，植物根部就會難以吸收水分，出現「過鹹」的症狀。

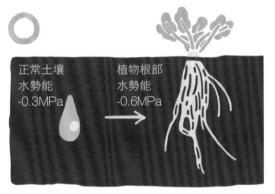

正常土壤水勢能 -0.3MPa　植物根部水勢能 -0.6MPa

水分總是由「水勢能高處往低處」流動

植物根部水勢能 -0.6MPa

「過鹹」的土壤水勢能 -0.8MPa

當施肥過多時，土壤的水勢能比根部還低時，根部就無法吸收水分。

異常狀態

　　一般來說，我們可以藉由觀察新芽及葉來進行診斷，施肥過多的植物新芽皺縮，葉尖及葉緣焦枯，植株萎凋甚至是脫水死亡。

如何判斷施肥適當與否？

　　更準確的方法，可以藉由測量土壤的電導度，來診斷是否施肥過多。土壤在施肥過後，很多是以水溶性鹽類的狀態累積在土壤中，所以施肥越多，電導度也越高。

玫瑰

施肥過多的玫瑰新芽皺縮，葉尖及葉緣焦枯。

測量土壤介質的電導度，可以用來表示肥料鹽分的總量，是判斷是否施肥過量的準確方法。

電導度計

　　所有植物施肥多寡的問題，其實可以用「電導度計」來幫助解決。市售電導度計是一種筆狀的小型測量儀器，使用上相當簡單，只需將下方感應器置入液體中，上方即會顯示數值。

　　售價約在1000元左右，可以至化工原料、器材行購買，如台北天水路、台中後火車站及高雄後火車站等處，其實相當容易取得。

台北市自來水實測數值為 0.08 mS/cm，表示水中幾乎沒有肥分。

土壤電導度的測定方法

Step 1
準備測量的土壤，倒入容器中。

Step 2
加入蒸餾水，土壤：水＝1：2。

Step 3
攪拌均勻，靜置3小時後測量。

Step 4
此土壤測量數值為 2.31 mS/cm，對照下表顯示此土壤肥分過高，種植的植物會出現葉緣尖焦枯的現象。

測量值對應表

（電導度的測量單位是 mS/cm 或 dS/m 表示，這兩者數值相等）

電導度 mS/cm	肥分表示
＜ 0.15	嚴重缺乏
0.15 － 0.50	過低，缺乏病徵出現
0.50 － 1.50	適當範圍
1.50 － 2.50	過高，葉緣尖焦枯
＞ 2.50	生育停頓、失敗

缺鐵 Iron deficiency

病害分類　病害－非傳染性病害
舉例植物　仙丹花 *Ixora x williamsii*
危害部位　新葉
好發時間　全年

異常狀態

新葉的葉脈間黃化，但葉脈仍保持綠色，整片葉看起來呈綠色網狀。也會出現點狀焦點，並逐漸擴大。

分析原因

缺鐵是最常見的營養缺乏症，雖然土壤中通常富含「鐵」，但如果pH值（酸鹼值）過鹼，植物就不容易吸收。因此，在施用鹼性的「苦土石灰」鎂鈣肥後，常會出現缺鐵的症狀。

缺鐵的病徵表現在新葉上，葉脈間出現黃綠色或黃色斑點，之後逐漸蔓延黃化整片葉子，但葉脈仍保持綠色。由於病徵與缺錳相當類似，因此診斷上常容易混淆。

仙丹花缺鐵，頂端的新葉出現葉脈間黃化，但葉脈還是保持綠色。

防治方法

● 補充螯合鐵肥（Fe-EDTA），調整土壤pH值。

常見受危害的植物

所有植物都可能出現營養缺乏症。

仙丹花葉片近觀，整片葉看起來呈綠色網狀。

尚未完全展開的新芽病徵不明顯，但新葉則嚴重發生葉脈間黃化。

缺錳 Manganese deficiency

病害分類	病害－非傳染性病害
舉例植物	檸檬 *Citrus* spp.
危害部位	新葉
好發時間	全年

🌱 異常狀態

新葉葉脈間黃化，但葉脈保持綠色，整片葉呈綠色網狀，也會出現點狀焦點，逐漸擴大。

🔍 分析原因

缺錳的病徵首先表現在完全展開的新葉上，葉脈間出現黃綠色或黃色斑點，之後逐漸蔓延黃化，但葉脈仍保持綠色。由於病徵與缺鐵相當類似，且一樣先發生在新葉，因此診斷上常容易混淆。

嚴重缺錳時，會出現壞疽斑點，顏色為灰白色，然後逐漸蔓延到整個葉片。植株種植在在沙質、鹼性的土壤中容易發生缺錳症。

葉脈間黃化，但葉脈還是保持綠色。

新葉出現葉脈間黃化，但葉脈還是保持綠色。

嚴重缺錳時，會出現灰白色的壞疽斑點。

🧴 防治方法

● 補充錳肥，調整土壤pH值。

🌿 常見受危害的植物

所有植物都可能出現營養缺乏症。

葉片局部焦枯！

CH1
· 索引

CH2
· 觀念

CH3
· 蟲害

CH4
· 病害

CH5
· 防治

高溫燙傷 Heat injury

病害分類 病害－非傳染性病害
舉例植物 黃椰子 *Chrysalidocarpus lutescens*
危害部位 葉
好發時間 夏季

異常狀態

　　葉接觸欄杆、水泥、牆壁的部位，出現焦枯狀。

分析原因

　　夏季高溫，加上陽光直射，會讓被日曬的物體也變的高溫，並且燙傷種植在附近的植物葉片，導致被燙傷的部位焦枯，外觀甚似炭疽病的病徵。這是夏季種植在花台、陽台的植物容易發生的現象。

燙傷與病害特徵比較

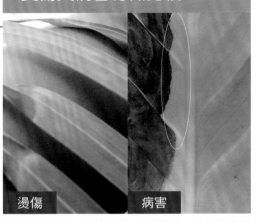

燙傷部位沒有明顯黃綠色的病健部，是與病害區分的重點。

防治方法

● 夏季移動植物至陰涼處。

常見受危害的植物

　　所有植物，草花類植物更容易受到危害。

植物被燙傷部位呈焦枯狀

種植於陽台的黃椰子葉片，遭到鐵欄杆燙傷，呈現焦枯狀。

冷氣排出的熱廢氣，也會導致植物燙傷，呈現萎凋狀。

葉片日燒 Sunscald injury

病害分類 病害－非傳染性病害
舉例植物 福木 *Garcinia subelliptica* 茶 *Camellia sinensis*
危害部位 葉
好發時間 夏季

異常狀態

部分葉片或葉片的特定角度出現焦枯。

分析原因

都市種植的植株，常因大樓間的陽光反射，出現特定角度的葉片，甚至是葉片的部分範圍出現燒傷的焦枯狀，這是因為短時間陽光集中傷害，屬於物理性傷害，因此焦枯的周邊沒有黃綠色的病健部。夏季高溫，加上陽光直射最容易發生。

福木

福木的部分葉片或葉片的特定角度出現焦枯。

防治方法

夏季移動植物至陰涼處。

常見受危害的植物

所有植物都可能受害。

茶

茶葉片也容易發現日燒焦枯。

葉子從邊緣開始整片變紅！

寒害 Cold injury

病害分類　病害－非傳染性病害
舉例植物　草莓 *Fragaria* × *ananassa*
危害部位　葉
好發時間　寒流過後一星期

🍂 異常狀態

葉片轉紅下垂，隨後很快的枯萎。

🔍 分析原因

草莓葉片在寒流過後，顏色從邊緣向內部轉紅，初期呈現紅綠相接，後期整片葉均轉為紅色，隨後萎凋枯萎。

🧴 防治方法

寒流來時，增加覆蓋保溫，如塑膠套袋、塑膠布、防寒網。

🌿 常見受危害的植物

所有植物都可能受害。

寒害初期

受到寒害的草莓葉片，初期呈現紅綠相接。

寒害後期

後期整片葉均轉為紅色，隨後萎凋枯萎。

盤根性障礙 Root bound

病害分類　病害－非傳染性病害
舉例植物　巴西鐵樹 *Dracaena fragrans*
危害部位　根部
好發時間　盆器種植一年後

異常狀態

植株呈現暫時性萎凋，澆水過後稍微恢復，但很快又出現缺水症狀。

分析原因

植栽因種植在盆器中久未換盆，造成土壤漸少，無法保留足夠的水分，且根系無處生長，導致吸收的水分不足以供應。

防治方法

進行換盆，添加新土壤介質。

常見受危害的植物

所有植物都可能受害。

植株呈現暫時性萎凋，澆水過後稍微恢復，但很快又出現缺水症狀。

土壤不夠多，無法保留足夠的水分，且根系無處生長。

明明有澆水，但植物凋萎的很快！

排水不良 Flooding Stress

病害分類	病害－非傳染性病害
舉例植物	矮牽牛 *Petunia hybrida*
危害部位	葉
好發時間	多雨時

🍃 異常狀態

葉片萎凋，整株植物呈現缺水狀，之後整株乾枯。

🔍 分析原因

為什麼花盆下面明明有設置排水孔，還是很容易出現排水不良、積水的狀況？原因是土壤會隨著栽培日久而慢慢變硬、夯實，阻塞排水孔，導致花盆容易積水。一旦積水，花草的根部就會無法獲得氧氣而死亡，無法再吸收水分，進而使植株葉、枝條反而出現「缺水萎凋」的病徵。

🧴 防治方法

● 更換新土，清理排水孔。

● 減少澆水頻率，等土壤即將全乾才再次澆水。

🌱 常見受危害的植物

所有植物都可能受害。

因為盆器容易積水，導致花盆傾斜較低處的矮牽牛死亡。

近看可見積水嚴重，導致根部缺氧而死。

為什麼會葉尖焦枯？

葉尖焦枯的發生原因可以分為三種：環境性、施肥過多及病原性。

● **環境性**

環境性的葉尖乾枯與健康部位有明顯的交界。這現象導因於環境因子短時間變化過大，例如風力過強、過乾、強熱、土壤過乾或過溼，像是種植在都市窗台或冷氣口前的植物都容易發生這個現象。

● **施肥過多**

施肥過多也會導致葉尖焦枯，乾枯與健康部位有明顯的交界，同時在盆器周圍可以發現白色的礦物質結晶，這是因為過多的肥分屬於可溶性鹽類，乾燥析出的結果。

● **病原性**

病原性的葉尖焦枯則導因於真菌或細菌侵入，我們可以在葉子乾枯跟健康的部位間，發現有黃綠色的「病健部」，此處為病菌正在侵入植物組織最活躍的地方。「病健部」用肉眼或顯微鏡觀察，如果發現毛狀物的菌絲或粉狀物的孢子，則是真菌性病害。相反的，如果沒有發現菌絲或孢子，但放入水中有白色菌流，則是細菌性病害。

竹蕉　　草莓

病原性的葉尖焦枯具有黃綠色的「病健部」，環境性則沒有。

Chapter 5

這樣做，病蟲害不再來
─防治篇

為什麼我的植物老是發生病蟲害呢？討厭的病蟲害出現了，我到底要不要採取行動？如果要進行預防與治療，應該怎麼做呢？本章分享從購買開始就選對健康植株，還有簡單為植物健檢的撇步，以及遭遇病蟲害有效又安全的防治法。

創造好環境，病蟲害不靠近！

　　討人厭的病蟲害不會憑空出現，如果種植的方法及環境錯誤，病蟲害可是會一直大吃特吃，危害永遠無法根治。所以我們要先了解病蟲害的生態習性，才能做好準備，創造一個優質的種植環境，減少病蟲害的發生。

病蟲害四面體：
人類、環境、病蟲害、植物

　　病蟲害四面體（The Pest Tetrahedron）是我們防治病蟲害的重要觀念，每一個頂點代表植物病蟲害發生的要素，一旦這個四面體成立，就表示我們需要採取行動進行預防或治療了！

這邊的環境，是指「病蟲害喜歡的環境」，而非植物生長喜歡的環境，不要搞混了。當然，病蟲害喜歡的環境，常常也跟植物生長喜歡的環境類似，所以我們也可以這樣理解：「植物長得越好，病蟲害也更喜歡吃」。

環境要素控制得好的話，病蟲害四面體就無法成立，植物也就不會受到病蟲危害了。創造一個通風、光照良好的環境，可以減少大部分病蟲害的發生。

四面體的體積越大，表示植物受到危害嚴重性也越強。因此，只要試著削弱每一個頂點的要素，就可以縮小四面體的體積。

甚至若能移除任何一個頂點的要素，就可以直接崩解病蟲害四面體，危害也就不見了，這是我們最希望看到的結果。

人類
關心的植物

病蟲害喜歡的
植物

病蟲害適合的
環境

病蟲害
的存在

植物的狀態也影響病蟲害的程度。如果某種植物品種老是發生病蟲害，如「玫瑰的黑點病」，則可以考慮尋找抗病品種，或是選擇種植其他花卉代替。

人類

人類是植物病蟲害防治的核心，這樣說是因為只有當我們關心的植物發生病蟲害，才是須要採取防治行動的要素。如果植物是我們不關心的，病蟲害的發生便只是生態中食物鏈的一環，屬於自然現象。

環境

當環境適合病蟲害生長，植物受到危害的機會就越大，受到的損失也越大。一般而言，昆蟲都喜歡乾燥高溫的氣候，而病害則喜歡潮溼多雨的氣候，所以，當天氣環境吻合這些條件的時候，就要小心病蟲害大爆發了。

病蟲害

植物不會無緣無故的生病，排除氣候、種植方法及其他非生物因素，植物生病一定有病原生物存在。我們可以藉由隔離，如設立網室、溫室、遮雨棚等，來預防病蟲害傳播。如果病蟲害已經發生，可以藉由殺蟲劑或殺菌劑來移除病原。

植物

我們的植物是不是容易受到感染？植物的年齡太年輕或是太老？現在是不是病蟲害好發的季節？這些都關係著病蟲害發生的嚴重程度。

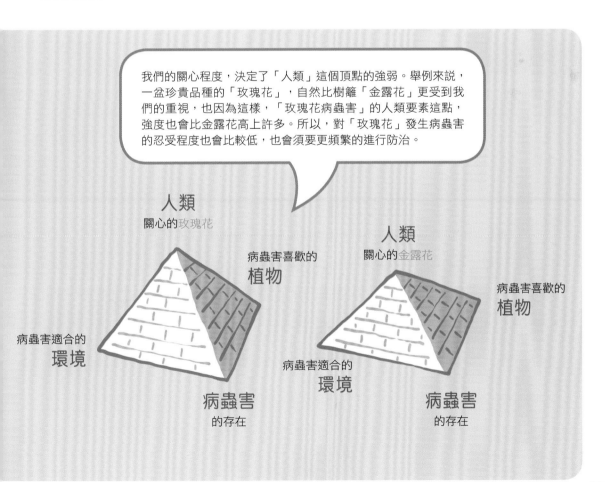

我們的關心程度，決定了「人類」這個頂點的強弱。舉例來說，一盆珍貴品種的「玫瑰花」，自然比樹籬「金露花」更受到我們的重視，也因為這樣，「玫瑰花病蟲害」的人類要素這點，強度也會比金露花高上許多。所以，對「玫瑰花」發生病蟲害的忍受程度也會比較低，也會須要更頻繁的進行防治。

人類
關心的玫瑰花

病蟲害喜歡的
植物

病蟲害適合的
環境

病蟲害
的存在

人類
關心的金露花

病蟲害喜歡的
植物

病蟲害適合的
環境

病蟲害
的存在

😈 預防買到帶病的植株

　　一般的園藝栽培環境是封閉的空間，所有的植物幾乎都是我們去「買」回來種植的。這種移入植物的方式，往往也是帶入病蟲害的最重要來源。所以，在購買或移入任何植物時，都必須仔細檢查是否有帶病蟲害。

檢查1：確認是否有害蟲

　　一般而言，害蟲喜歡危害新芽、葉、莖，尤其是葉背及莖葉隙縫處。因此，這些地方都要特別仔細的檢查。一旦發現蟲害則避免選購，或是先進行防治，再移入種植環境中。

檢查2：確認是否有病害

　　病害的病徵常見有白粉病或葉部斑點，仔細檢查新芽是否沾有白粉，葉面是否有異常斑點出現，這些都是感染病害的現象。一旦發現有病蟲害則避免選購，如果已經購買，則先移除病害枝葉，再進行隔離，確定沒問題後再移入種植環境中。

購買植物檢查表

□ 🌱 **新芽**：是否畸形、皺縮、有異物附著。

□ 🍃 **葉片**：葉是否畸形、皺縮，葉面是否有異常斑點，葉背是否有異物附著。

□ 🌳 **莖**：是否軟爛、變黑、畸形、有異物附著。

□ 🌿 **根**：根部是否變成黑、褐色，有異常氣味。（如果可以檢查的話）

檢查示範步驟（以長壽花為例）

Step 1

選購植物時，即使外表看起來很健康，但還是要進行檢查。

Step 2

如果可能，先檢查根系是否健康，避免選購根系變成黑褐色，有水浸狀、軟爛情形的植物。

Step 3

放大鏡才能徹底檢查，像是珠寶鑑定的放大鏡就很實用。

發現白色附著物！

Step 4

仔細檢查各部位，尤其是內部、葉背及莖葉隙縫處，常可以發現有白色附著物！

Step 5

使用放大鏡，確認是粉介殼蟲危害，應該要先行移除，才能帶回家種植，避免傳染。

健康評估

日常檢查自己來，
病蟲害無所遁形！

　　我的植物健康嗎？有出現異樣嗎？平時照顧植物時，也可以留意一下花草的「氣質」，如果覺得怪怪的，就能及早仔細檢查發生了什麼病蟲害。你可以跟著下面5步驟，輕鬆找到病蟲害。

😀 診斷病蟲害流程

Step1 ｜觀察
分辨健康與生病的植物

　　在一段距離外觀察你的植物，先大概感受一下植物是否健康，這就是俗稱的「氣質診斷法」。雖然這是很粗淺的觀察法，但對於有經驗的人來說，準確率也是相當高。

> 概略的看一下植物的新芽、葉、莖、花、果實，是不是有異常狀況出現？有沒有跟健康的植物不一樣的地方？

Step2 ｜檢查
針對有異常的部位進行檢查

　　當發現植物有「哪裡感覺怪怪的」的時候，針對這些部位進行更詳細的檢查。這些「感覺怪怪的」地方，往往就是病蟲害發生之處，也就是植物不健康的原因。

> 植物病蟲害很多都很小，不容易用肉眼直接觀察，所以可以使用放大鏡，幫助你更準確的辨認病蟲害。

Step 3 │ 記錄
發現植物的異常狀態

　　記錄下你所看到的異常狀態，像是新芽伸展不開、葉上面有附著物等。除了植物本身，也要記錄其他的環境因子，例如有沒有施肥、日常澆水狀態、日照方向、溫度變化等。這是因為很多時候植物看起來生病，其實不是病蟲的危害，反而是「種植方法錯誤」，導致植物失去活力。

> 記錄植物的異常狀態、栽培方式、環境因素。可使用p238「植物醫生診斷表」協助檢查。

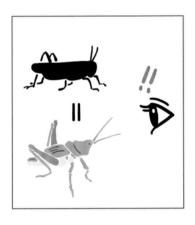

Step 4 │ 鑑定
進行比對，找到植物生病的原因

　　依據我們記錄下的異常狀態，透過本書進行查找、比對。雖然這本書不會包含所有你種植的植物，但是病蟲害造成的異常狀態都是類似的。

　　特別要注意的是，植物的異常狀態常常不是單一因子所造成，可能是多種病蟲害同時發生，甚至是病蟲害與環境因子同時影響。隨著經驗的累積，我們的診斷將會越來越準確。

> 依據我們記錄下的異常狀態，透過本書進行查找、比對。

Step 5 │ 防治
正確預防與治療

　　當我們成功找到植物病蟲害後，預防及防治病蟲害是我們的最終目的。植物病蟲害的發生通常都有原因，或是有其慣性，例如澆水過多容易引發疫病，或是天氣乾熱容易引起葉蟎大發生，「預防勝於治療」是所有醫生最常說的一句話，植物醫生也是。

> 記下診斷細節並進行改善，並且在下次容易發生的環境出現時，先一步進行預防。

植物醫生診斷表

成功防治病蟲害的關鍵，在於如何找到植物生病的地方，
只有了解植物生了什麼病，才能正確的進行防治，
解決病蟲害，讓植物重新獲得健康。

植物的種類

☐ 植物的種類？

☐ 一年生或多年生？草本或木本？

☐ 喜歡乾或溼的環境？

☐ 喜歡熱或冷的環境？

植物的狀態

☐ 現在的年齡？

☐ 比正常的植物大或小？

☐ 移植或栽種多久了？

☐ 現在的季節是否適合植物？

植物栽種的環境

☐ 露天或是室內栽培？

☐ 栽種的地點陽光是否充足？

☐ 是否為植物的原生環境？

☐ 旁邊是否有其他熱源或冷源？
　　（如冷氣或出風口）

植物的異常狀態

☐ 什麼時候開始或發現？持續多久？

☐ 哪裡出現了異常狀態？新芽、葉、
　　莖、花、果實？

☐ 有沒有缺少、破洞或缺刻？

☐ 有沒有附著物？有的話那是什麼？

☐ 有沒有斑點、黃化或是壞疽？

☐ 全株或是部分異常？

☐ 以前有沒有發現類似的異常？

最近的照顧方式？

☐ 是否有施肥？施肥的種類、量、頻
　　率？

☐ 是否有施用藥劑或是其他物質？

☐ 澆水的方式、量、頻率？

☐ 是否有進行修剪？

噴灑酒精可以防治紅蜘蛛嗎？

噴灑「偏方」防治的迷思

Q：有些平常聽到的防治方法，例如「噴灑酒精可以防治紅蜘蛛」，到底有沒有效呢？

A：75%的酒精確實可以消滅紅蜘蛛，對人畜環境也算安全，但高濃度的酒精卻也會對植物造成傷害，因此我們可以說，這不算是一個好選擇。

　　如果要選擇施用藥劑，必須要符合「對人畜環境安全」、「不傷害植物」及「低劑量就有效」三大原則，才是一個適當的配方。舉例來說，除了上述的75%酒精，其他如：飽和食鹽水、雙氧水、漂白水、甚至是「可樂、威士忌」都可以消滅紅蜘蛛，但卻不符合「對人畜環境安全」、「不傷害植物」的原則，所以不建議使用。

噴灑「威士忌」也可以消滅紅蜘蛛，但不適合做為防治藥劑。

移除病因

發生了沒關係，輕鬆趕走病蟲害！

　　病蟲害發生的初期，病蟲害數量少，植物受到的危害較輕微，健康狀況也還不錯，此時進行防治，是最容易成功的階段。因此就算發現了病蟲害，正確鑑定後給予恰當治療，植物很快就能恢復健康。

趕走各種毛毛蟲的方法（鱗翅目幼蟲、葉蜂幼蟲）

目視捕捉法

　　毛毛蟲的體型較大，一般來說可以用肉眼輕易發現，在清晨或是黃昏天氣涼爽時，最容易進行捕捉。一旦發現葉片有破洞或缺刻，可檢查新芽隙縫處，或是葉片背面，因為毛毛蟲喜歡躲在這些地方取食。發現後使用鑷子或是筷子，夾除這些毛毛蟲，收集後丟棄，可以減少這些害蟲的危害。

杜鵑三節葉蜂。

　　這種方法雖然很辛苦，但這是對植物及人類最安全的方法，尤其是十字花科葉菜類，各種毛毛蟲都喜歡取食，如果不及時進行防治的話，很快就會被蟲吃光。

噴灑蘇力菌

　　蘇力菌是一種細菌，屬於自然界中昆蟲的寄生性天敵。蘇力菌防治的原理是利用它的內生孢子及毒蛋白，噴灑在植物表面上，當毛毛蟲取食植物組織時，也會一併將孢子吃下去，再經由食道進入中腸釋放出毒蛋白，使昆蟲中毒。中毒的昆蟲由於中腸麻痺，所以會立即停止取食，等到毒蛋白穿透腸壁，昆蟲隨後死亡，蟲體變成黑褐色，並滲出黏液。

　　由於蘇力菌是一種自然的昆蟲天敵，具有專一性，對於哺乳類、鳥類及其他非目標生物很安全。也由於是從自然界分離出來，再噴灑回環境中，也不會造成危害，對於環境也是友善的，非常適合家庭園藝使用。

😈 創造蝸牛、蛞蝓不喜歡的環境

目視捕捉法

蝸牛及蛞蝓通常在夜間、清晨出沒，或是下雨過後，天氣較為溼涼的時候出來覓食。

夜晚時可使用手電筒照射新芽、葉等部位，可以輕易發現蝸牛及蛞蝓正在大吃特吃。在盆器底部的隱密處，也經常可以發現牠們躲藏其中。使用鑷子或是筷子夾除牠們收集後丟棄，可以減少這些害蟲的危害。

忌避法

蝸牛、蛞蝓不喜歡咖啡因，高濃度的咖啡因甚至有毒殺效果。因此可以將使用過的咖啡渣，鋪設在植物盆器周圍，達到忌避牠們的效果。咖啡渣是一種有機質，可以自然被分解，因此使用上也相當安全。但也由於會被分解的緣故，大約一星期就要補充一次。

其他

保持通風與地面乾燥，避免夜間澆水吸引蝸牛、蛞蝓出來覓食。園藝用的器具、盆子及植物的枯枝落葉等，避免堆置在植物附近，減少牠們可以躲藏的地方。

夜間、清晨檢查樹幹，常可見成群的蛞蝓出沒覓食。

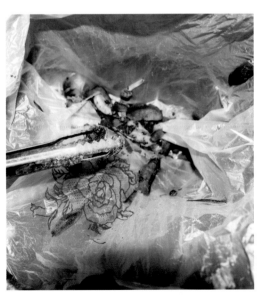

使用鑷子夾除蝸牛及蛞蝓，可以減少這些害蟲的危害。

😈 針對小型害蟲的祕方（蚜蟲、介殼蟲、粉介殼蟲、木蝨、葉蟎）

這些細小的刺吸式口器害蟲，是最常見、危害最嚴重、也是最麻煩的病蟲害，好在我們有祕方可以徹底防治牠們。

牙刷清除法

刺吸式口器危害的小型害蟲，因為使用口針刺入植物吸取汁液，所以常常附著在植物表面，難以清除。我們可以使用軟毛牙刷刷除，將附著的介殼、蠟質、毛狀物、粉狀物、蟲體及蜘蛛網，全部清理一次。

這些害蟲的體表通常很軟，刷毛刷過後就能造成傷口，導致死亡。剩下的害蟲，由於介殼或是蠟質的屏障已經被移除，再進行施藥防治，也比較容易接觸到蟲體，增加防治效果。

油劑窒息法

這些害蟲體型都很小，覆蓋一層薄薄的油膜就可以使牠們窒息而死。我們可以利用家庭用的食用油，配置稀薄的「油劑」噴灑在害蟲體表，達到防治效果。由於是窒息效果導致死亡，所以務必要噴到蟲體才會有效，針對害蟲喜歡棲息的地方，包括新芽、葉背、枝條都要均勻噴灑。土壤不會有害蟲棲息，所以不用噴灑。

澱粉窒息法

這些害蟲體型都很小，如果將牠們包覆黏住一段時間，牠們就會因為窒息而死。我們可以利用「麥芽糊精」來達成這個目的。麥芽糊精（Maltodextrin）是一種食品添加物，又稱水溶性纖維，它是以澱粉為原料的加工品，可以在食品原料行或是蛋糕用品店買到。

使用過的咖啡渣，對蝸牛、蛞蝓有忌避效果。

先使用軟毛牙刷，刷過植物受害處，可以移除大部分害蟲。

麥芽糊精是一種食品添加物，所以使用上相當安全。

橄欖防蟲液配方

材料：橄欖油10毫升、洗碗精10毫升、水1000毫升、一般容器

作法：

Step 1
準備 10 毫升的洗碗精，加水 1000 毫升。

Step 2
加入橄欖油 10 毫升。

Step 3
因為油水不相容，所以可以看到加入的橄欖油浮在水面上。

Step 4
攪拌均勻，透過洗碗精，將油水混和。

Step 5
將橄欖防蟲液倒入噴瓶中。

Step 6
完成！配置完成後盡快使用，3 天內使用完畢，避免久放變質。

> **用法** ｜ 噴灑在植物全株，每3天1次，至少噴灑3次。配合牙刷先清除大部分害蟲、介殼及蠟質，可以大大提升防治效果。

澱粉防蟲液配方

材料：麥芽糊精10公克、水1000毫升、一般容器

作法：

Step 1
準備麥芽糊精 10 公克。麥芽糊精是一種白色粉末，碰到水後溶解，觸感黏稠。

Step 2
加水 1000 毫升，攪拌溶解。

Step 3
溶解後液體幾乎透明。

Step 4
將澱粉防蟲液倒入噴瓶中。

Step 5
完成！ 配置完成後盡快使用。3 天內使用完畢，避免久放變質。

用法

噴灑在植物全株上，每3天1次，至少噴灑3次。如能配合牙刷先清除大部分昆蟲、介殼及蠟質，可以大大提升防治效果。

加強版配方

　　將「橄欖防蟲液」與「澱粉防蟲液」依1:1混合，噴灑在植物全株，每3天1次，至少噴灑3次。如能配合牙刷先清除大部分昆蟲、介殼及蠟質，可以大大提升防治效果。

「橄欖防蟲液」「澱粉防蟲液」及加強版配方應噴灑在植物全株，除了土壤及根部，每個地方都要仔細噴灑均勻。

油劑、澱粉防蟲液的注意事項

1. **大太陽、中午、氣溫高時，小心使用或增加稀釋倍數**：由於是窒息效果，同樣會暫時阻塞植物氣孔，因此在蒸散強烈的時候要小心使用，避免藥害。

2. **敏感植物小心使用**：一般來説，葉片嬌嫩、葉肉厚或草花類都屬於敏感植物，使用上應小面積試用，一旦出現藥害立即停止使用。

3. **加強版配方避免與含硫藥劑混用**：加強版配方含有「食用油」，不可和含硫藥劑混用，避免發生藥害。

4. **如使用在蔬菜，噴灑後7天再食用**：雖然這些配方相當安全，澱粉本來就是可以食用的物質，但仍然不建議噴灑後馬上食用。橄欖油與洗碗精的濃度也都相當低，就算吃下去對健康也不會有影響，但仍然會有一股「油」味。為了美味，建議還是7天後再採收食用。

藥害

藥劑是用來防除害蟲，但是如果植物也受到傷害，這種副作用就叫做「藥害」。「藥害」的異常現象有：葉片出現斑點、黃化、脆化、捲曲、乾枯或是落葉。這時候應該要馬上停止使用藥劑，並用清水清洗植株。下次應避免再使用同樣藥劑，或增加稀釋倍數再使用。

😈 蚜蟲、薊馬的捕捉及偵測

蚜蟲及薊馬對於特定顏色具有光趨性：蚜蟲喜歡黃色，薊馬則喜歡藍色。利用這個特性，我們可以使用黃色及藍色黏紙，來捕捉這些害蟲。此外，觀察黏紙上捕捉到的害蟲，還可以用來偵測害蟲族群的密度。

蚜蟲喜歡黃色，因此黃色黏紙可以捕捉及偵測蚜蟲的族群密度。此外，也可以捕捉到一些惱人的蛾蚋類小飛蟲。

😈 各類病害的應對方法

常見的植物病害是由真菌及細菌侵入所致。病害的「治療」是很困難的，我們很難藉由殺死病原菌，來讓植物受感染的組織恢復健康。這是因為一旦病原菌侵入了植物組織內，除非使用系統性或滲透性的藥劑，否則難以達到治療的效果。這也就是為什麼以下介紹的應對方法，都會強調在「預防」病原菌的入侵，而不是在「治療」。以下介紹兩種適合居家園藝使用防治藥劑。

石灰硫磺合劑

石灰硫磺合劑由石灰、硫磺及水，混合煮製而成。19世紀開始大量使用於防治白粉病及葉蟎，是一種具有殺菌及殺蟲效果的藥劑。殺菌效果據信硫化合物能影響真菌及細菌的生理反應，而殺蟲效果是硫化合物能侵蝕害蟲體表，造成死亡。石灰硫磺合劑在市面上可以購買成品，或依照以下配方自行製作。

波爾多液

波爾多液是一種無機殺菌劑，是硫酸銅、氫氧化銅和氫氧化鈣的鹼式複鹽，在水中以極細顆粒形成藍色懸浮液。這種藥劑於19世紀在法國波爾多地區首先使用而得名。

波爾多液噴灑在植物上，有良好的附著效果，能在植物表面覆上薄膜保護層，緩慢的釋放出銅離子，影響真菌及細菌的正常生理功能，達到預防病害的效果。

敏感植物有哪些？

一般來說，多肉植物類、蘭花類、薔薇科的玫瑰、桃、梅、李及櫻花都屬於敏感植物。另外植物葉片嬌嫩、葉片薄、葉肉厚或草花類，也屬於敏感植物。

石灰硫磺合劑配方

調製容器：不鏽鋼鍋

材料：水1.5公升、硫磺粉200克、氧化鈣（生石灰）100克、一般容器

作法：

1.準備不鏽鋼鍋，加入1.5公升的水。

2.加熱達約攝氏60度時，加入200克的硫磺粉，邊煮邊攪拌。

3.溫度達攝氏90度時，加入100克的氧化鈣（生石灰），並持續攪拌。

4.保持沸騰熬煮40分鐘，過程中持續攪拌。

5.放置冷卻，取上清液倒入容器儲存，紅棕色液體即為石灰硫磺合劑成品。

用法 | 使用時，石灰硫磺合劑加水稀釋1500倍，噴灑在植物全株表面，藥效可持續14天，視需要可噴灑2次，即可預防植物病害，兼具部分殺蟲效果。

注意事項

1.石灰硫磺合劑是含硫藥劑，避免與「油劑」、「橄欖防蟲液」及「波爾多液」混合使用，以免產生藥害。

2.氣溫高時使用容易產生藥害，氣溫超過攝氏30度時，應該要提高稀釋濃度至2000倍。

3.敏感植物要小心使用，避免產生藥害。

4.石灰硫磺合劑適用於有機農業，對人畜無害，可使用於食用作物，但建議噴灑後14天再採收食用。

4-4波爾多液配方

4-4波爾多液是每公升水中含硫酸銅4克及氧化鈣（生石灰）4克的配方。

調製容器：「非金屬」容器2個

材料：水1公升、硫酸銅4克、氧化鈣（生石灰）4克、非金屬容器

作法：

Step1
用其中1個「非金屬」容器，準備硫酸銅4克。

Step2
加水溶解硫酸銅於0.9公升水中，水溶液為淡藍色。

Step3
用另外1個「非金屬」容器，準備氧化鈣（生石灰）4克。

Step4
加水溶解氧化鈣於0.1公升水中，水溶液為乳白色。

Step5
將「硫酸銅溶液」緩緩加入「生石灰溶液」中，加入時一邊攪拌。

Step6
配製完成的波爾多液，顏色為乳白藍色。

Step7
將波爾多液倒入噴灌中。

Step8
完成！ 配置完成後盡快使用。

用法

噴灑在植物全株表面，藥效可持續14天，視需要可噴灑2次，即可預防植物病害的發生。

注意事項

1.選擇晴天噴灑施藥，可減少藥害發生。

2.波爾多液是鹼性藥劑，不可與含硫藥劑混用。

3.不適合在鹼性條件下施用的藥劑，應避免與波爾多液混用。

4.波爾多液不可與葉面肥料混用。

5.波爾多液調配完成後要立即使用（不能儲存）。但調配好的硫酸銅溶液及氧化鈣（生石灰）溶液可以分開儲存備用，等需要時再混合。

6.調配時，混合順序不可顛倒，務必要將「硫酸銅溶液」加入「生石灰溶液」中。

7.波爾多液對某些植物容易產生藥害，第一次請務必小範圍試用（例如如果種10株玫瑰花，先噴一株試看看），如發生藥害則停止使用。

8.波爾多液適用於有機農業，對人畜無害，可使用於食用作物，但建議噴灑後14天再採收食用。

硫酸銅及氧化鈣（生石灰）哪裡買？

　　硫酸銅及氧化鈣（生石灰）可以至化學原料行，購買實驗級的原料。雖然單價較高，但純度較高，不含其他重金屬雜質，使用上更為安全。硫酸銅500克約新台幣200元，氧化鈣（生石灰）約100元。

硫酸銅為淡藍色結晶。

氧化鈣為白色結塊粉末。

波爾多液成品為淡白藍色混濁液體。

咖啡廳外的花草植物健康檢查！

位於高雄駁二的Do good Coffee & Dessert，大門前漂亮的花草搭配，帶給人舒服的感受。但是老闆卻苦惱老是照顧不好，今天讓我們一起來幫植物作健康檢查吧！

種植環境：店門口種植的花草位於一樓騎樓，雖然一半位於建築物內，陽光還是能照射進來，光照相當足夠，但是相對的溫差也會比較大。此外下雨時也容易噴濺到植物。經過檢查，發現有4處的植物生病了！

1 多肉植物發現粉介殼蟲。

多肉植物通常比較強壯，病蟲害的耐受性好，因此受到危害時外觀也比較看不出來。但是粉介殼蟲是雜食性，如果植物種得太密，很容易傳染其他植物，因此位於中間的多肉植物，勢必要進行除蟲作業。
→粉介殼蟲介紹請參考page120～131

2 薄荷發現粉介殼蟲！

果不其然，種植在旁邊的薄荷也被傳染粉介殼蟲了。植株內部可以發現皺縮的葉子，裡面就躲藏著粉介殼蟲正在吸食植物汁液。由於薄荷很容易發新芽，因此建議修剪受到危害的枝條後，再進行防治效果最好。

4 到手香土壤過於潮溼，發生疫病！

位於最外面的到手香，老闆表示因為怕被曬乾，所以特別給它很多水分，導致過於潮溼而感染疫病。疫病菌的發生跟水分過多有關，介質如果一直太過潮溼，植物就容易發生「黑骨」或「爛根」的現象，導致植物死亡。→疫病介紹請參考page208

門口的植物除了添加綠意外，店內餐點所需要的香草，也是由門口新鮮供應，所以讓它們保持健康是非常重要的。檢查後確認了病蟲害　，未來預防與治療也有了方向，真是太好了。

Do good Coffee & Dessert蕭老闆

3 迷迭香施肥過多！

迷迭香的新芽及葉尖發生焦枯，經過檢查沒有發現任何病蟲害。往下一看盆子才發現堆置滿滿的有機肥，這是施肥過多了！肥分過多就是俗稱的「過鹹」，會傷害根部，導致無法吸收水分，造成新芽及葉尖出現焦枯。因此應該立即撿拾多餘的肥料，並大量澆水淋洗掉多餘的肥分。

Column

植物生病了自己無法診斷，
如何找植物醫生協助？

　　如果植物生病無法自己準確判斷，或是珍貴的花木想要更確定病情，這時候就可以找植物醫生或相關專家，進一步提供診斷與協助。在行動之前，可以先自行完成以下幾點評估：

● 第一步　自己預先診斷

□ **所在地**：植物的所在位置。

□ **種植狀態及立地環境**：盆植還是地植？種植環境的陽光、通風及水分的狀態為何？其他環境特別的地方？

□ **葉**：植物是否還有綠葉及新芽？

□ **莖（樹幹）**：是否有傷口、龜裂或繩索纏繞？

□ **樹基部及根**：是否有雜物堆積？是否有菌體？

● 第二步　尋找專家與溝通

　　依照第一步自行診斷及拍照後，將植物現在的狀態告訴植物醫生，並附上照片，讓專家可以更快地了解病況。

● 第三步　預算評估

　　植物生病診斷的費用，大致可分成看診費、藥劑費及資材費，如果需要委託他人進行治療或是施作的話，還會有治療施工費。

看診費

　　依照專業程度以及實績不等，費用差別較大，同時，依照專家所在地與看診植物的地點遠近，也是影響看診費的高低的因素。目前，看診收費從2000～10000元都有，甚至也有號稱免費到府看診的服務，不過羊毛出在羊身上，低價或免費的看診不免讓人懷疑。

藥劑費及資材費

　　如果以一般大小的樹木來說，防治藥劑大約可以粗估1500元左右，資材則可以粗估2000元。

治療施工費

　　最難估算，同時可能是三項花費中最高的。如果只是小型灌木或盆栽，請園藝師傅來協助處理大概就只有人工的費用，但如果是樹木需要移植或修剪，可能還有工具耗損、機具、吊車或是其他開銷。一般來說，最好是先進行診斷，再評估治療施工的費用是否可以負擔。

● 第四步　進行看診與治療

plus!
植物診療
特輯

植物醫生
搶救花木全紀錄！

生病的櫻花、茄苳、
黑松都救活了！

當陽台、庭園的花木乾枯凋萎，
常常不是單一的病蟲害所引起，
本專題特別收錄 10 個案例，
記錄植物醫生面對奄奄一息的花木，
如何觀察異樣、診斷病情，到防治成功，
找出關鍵原因，植物就有機會恢復健康！

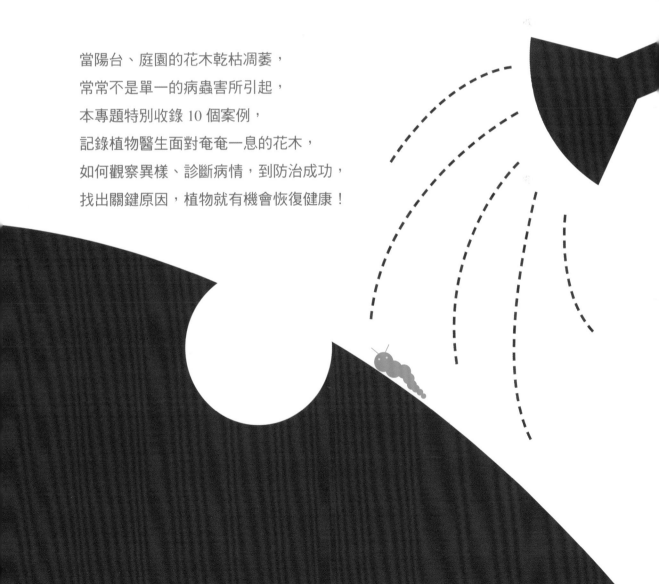

CASE 1　樹木反覆大量落葉怎麼辦？

異常狀態

　　黃脈刺桐種植在完全密閉的室內空間，四面進光，光線充足，僅內側較暗。樹冠形狀因為向光性往窗側歪斜，葉片稀疏，枝條過度延長，且有反覆大量落葉的情形。每次落葉後，樹勢越來越弱，新發長的枝葉也越來越少。

觀察
反覆大量落葉，樹勢每況愈下

檢查1
葉片灰白，新梢有蜘蛛結網的絲狀物
→依特徵描述查詢本書，可見page148～157「紅蜘蛛類」

檢查2
樹幹有大量傷口

檢查4
介質表面有白色結晶物析出

植物種類	黃脈刺桐
學　名	*Erythrina indica* var. *picta*
原生適性	黃脈刺桐是蝶形花科（Fabaceae）刺桐屬（Erythrina）的落葉性大喬木，高度可達15公尺，生長迅速，樹型開展美麗，常種植為景觀樹木。原生於東南亞洲熱帶至亞熱帶，喜歡陽光強烈、溫暖的氣候環境，不適應低溫。葉片沿著葉脈有亮黃色的斑紋，陽光照射充足的葉片黃脈越是明顯。

記錄與鑑定

1. 葉片、新芽

▶葉片有無數細小白點

葉片有無數細小白點，集合在一起形成褪色的樣子。

健康的葉片。

▶葉正反面都有骯髒的黑色穢物

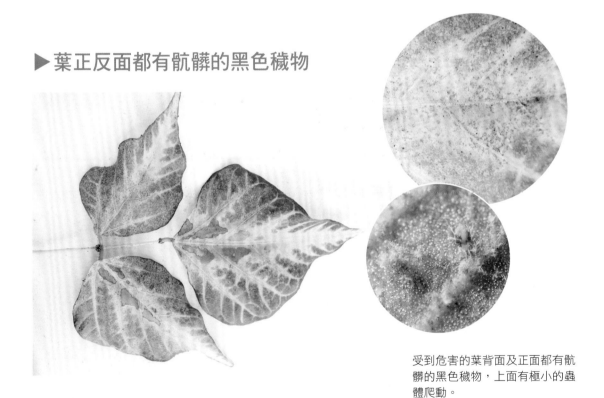

受到危害的葉背面及正面都有骯髒的黑色穢物，上面有極小的蟲體爬動。

▶新梢有蜘蛛結網的絲狀物

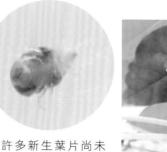

許多新生葉片尚未
展開前就掉落，絲
狀物內可發現蟲體。

往上檢查新梢，發現有蜘蛛結網的絲狀物，
包裹整個新芽。

健康的新芽。黃脈刺桐的新
芽有大量褐色絨毛包覆。

▶蟲體經過鑑定為*Tetranychus* sp.

俗稱白蜘蛛的「二點葉蟎」。

俗稱紅蜘蛛的「神澤氏葉蟎」。

2. 樹幹、枝條

▶樹幹有大量傷口

樹幹有大量傷口，部分看似是
移植時碰撞造成。

修剪枝條造成的傷口。

傷口曾經塗抹「癒合殺菌劑」，
形成的褐色凝固膠體反而有礙癒
合，造成傷口仍呈現開放狀態，
不時流出樹液

3. 樹幹基部及根部

▶土表有白色結晶物

介質鬆軟，但表面有白色結晶物析出，疑似過度施肥，且經測量介質電導度也偏高。

根部經過檢查，有效根系開展僅僅於樹木中心點20公分左右，且量少稀疏。

種植之立地環境為正方形花槽，寬度為1.5公尺，深度約2公尺，設有排水孔，且有通氣管向上連通，排水無虞。

4. 原照護情況

　　已知可能是蟎類危害，所以曾經施用過油劑類的「窄域油」防治，但效果不佳，遂提高濃度噴灑，結果大量落葉，反覆發生。同時由於枝葉漸少，故提高土壤的施肥量，又因為擔心土壤過溼會造成「敗根」，所以每個月只澆水6公升。

◎ 擬定防治對策

　　本樹木因為種植在完全密閉的環境，沒有氣候、降雨、風及外來天敵，是葉蟎害蟲絕佳的生長環境，評估是首要危險的因子。因此對策的首要目標是防治葉蟎病蟲害，再逐步排除土壤鹽分過高的問題，以增進根系發育。

1. 防治葉蟎

　　先以化學藥劑防治，快速降低葉蟎密度，使樹木的葉片能夠生長以獲取能量，因此選定4種不同作用機制之殺蟎藥劑，並參考安全之稀釋倍數，每7日施藥一次，並每週輪替藥劑，28天一個週期，以避免產生抗藥性。等樹勢恢復後再進行生物防治。

6 月底開始進行防治，但天氣炎熱乾燥，常達攝氏 35 度，導致葉蟎繁殖快速，因此化學防治雖有效壓制葉蟎數量，但仍不時發現葉蟎突然大量發生在某些區域，無法根絕。直到 10 月後氣溫開始下降，葉蟎數量才顯著減少。

等樹勢恢復後，停止施藥兩週，再進行生物防治，施放葉蟎天敵「巴氏小新綏蟎」。

防治後新生長的葉片，已不見葉蟎危害。

2. 排除土壤鹽分，建立健康根系生長環境

每兩週進行一次澆水，每次澆水300公升，充分淋洗整個土壤，並且增加氧氣交換。同時確定排水系統正常運作。於根系開始生長旺盛後，適量添加有機質，養護根系。最後再開始重新施用肥分。

每兩週進行一次澆水，約1個月後可以明顯發現根系開始生長。

3個月後可以發現根系已經生長至花槽邊界，往周圍延伸達70公分。再度施用肥料後，葉片變大且數量增多。

3. 安裝反光板，配合修剪，樹形日漸平均

等樹勢恢復後，進行樹形修剪，安裝反光板以均勻光線，使樹形平均完整。

黃脈刺桐因為向光性往窗側歪斜。

安裝反光板平衡內外側光線，並配合修剪，使樹形日漸平均。

痊癒！ 衰弱的生長勢，經過 6 個月的防治，終於恢復生機！

Before

生長異常

黃脈刺桐因受到葉蟎危害，導致反覆落葉，樹勢衰弱。每次落葉後，樹勢每況愈下，新發長的枝葉也愈來愈少。

防治2個月

以化學藥劑緊急防治後，樹勢漸漸恢復。

防治5個月

再以生物防治及配合其他照護，樹木健康狀況達到良好狀態。

防治筆記

主要病蟲害	葉部「二點葉蟎」及「神澤氏葉蟎」危害（*Tetranychus* sp.）
其他非傳染性障礙	根系發育不良、土壤鹽分過高
擬定對策	1. 先以化學藥劑防治葉蟎，再進行生物防治，施放葉蟎天敵「巴氏小新綏蟎」 2. 排除土壤鹽分，建立健康根系生長環境 3. 安裝反光板，配合修剪

After

防治養護6個月後

CASE 2　每逢秋天，茄苳頂梢落葉嚴重，整株衰弱！

異常狀態

　　本案例的十餘株茄苳，細心地移植在台灣南部已經兩年，水分供應、施肥及排水均有專人照顧。但每到10月，頂端葉片總是開始嚴重落葉，樹勢漸衰，好幾株甚至因此死亡。

觀察

一到秋天，樹頂特定區域的葉子掉得特別嚴重

檢查

落葉呈褐色，有大量髒汙

植物種類	茄苳
學　　名	*Bischofia jabanica* Blume
原生適性	茄苳是大戟科（Euphorbiaceae）重陽木屬（Bischofia）的大喬木，是台灣的原生樹種，樹冠為傘形，極具遮陰效果，分布在低海拔地區。壽命長，常長成巨樹，成為受鄉里居民膜拜的「神樹」。因為是原生樹種，健壯時不易受病蟲害侵襲，但若在移植初期，樹勢虛弱時染患病蟲害而疏於防治，則常導致樹木死亡。

記錄與鑑定

1. 葉片

▶ 落葉集中於某些枝條

由新梢往老枝擴散，最後整株樹木落葉殆盡，初生長的新芽及新葉也難逃凋零的命運，反覆受害幾次後，樹木死亡。

▶ 落葉背面有大量髒汙

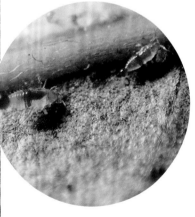

使用放大鏡檢查葉背，發現大量「薊馬」危害，由葉片中央葉脈向外擴散，葉片受到危害超過 1/2 者落葉。葉片有無數細小白點，集合在一起形成褐色的樣子。

落葉之葉片正面完好，沒有病蟲害跡象，但背面呈褐色，有大量髒汙。

2. 樹幹基部及根部

種植之立地環境為自然地，且樹木均高於地面「浮種」，四周設立通氣管，根系生長勢良好。

3. 原照護情況

原本一直認為是紅蜘蛛「葉蟎類」危害，因此以紅蜘蛛為目標進行防治，然而不但效果不佳，且藥劑噴施後產生藥害，導致落葉更多。

樹木高於地面浮種。

> ### 什麼是「浮種」？
>
> 「浮種」是指移植樹木時，將土球種植高於地面，以提高樹木移植存活率的方法。一般來說，如果移植地的排水不良、容易積水或是土質不佳時，就可以選擇「浮種」的方法，來避開積水的問題。另外，如果樹木種類的根系較弱、不耐潮溼或是體質不良等，也可以採用「浮種」來提高移植成功率。常見「浮種」的樹木有櫻花、珍貴松樹及真柏等。

◉ 擬定防治對策

樹木的立地環境、移植及照護有專人固定維護，且根系生長完全沒有問題，因此只要針對「薊馬」加以正確防治，即可達到恢復樹木健康的目的。

1. 防治薊馬

先以化學藥劑防治，每7天一次，連續兩次，快速降低薊馬密度，使樹木葉片重新生長，以獲取能量，且避免失去太多枝條。等樹勢恢復後，每年10月及4月噴灑窄域油預防薊馬危害，並視病蟲害狀況，添加系統性化學合成藥劑保護葉片，直到樹勢強健。

2. 停止使用「殺蟎劑」避免藥害

樹木的病蟲害防治，需經過正確鑑定再使用藥劑，以免藥害導致樹木病情更加嚴重。

痊癒！ 找到關鍵病蟲害，對症下藥，樹葉很快就恢復茂密！

經過一次防治，樹木新葉即重新發長。來年樹勢強健後，葉片變得非常茂密，薊馬蟲害變得很少，幾乎沒有防治的必要。

薊馬屬「銼吸式口器」，這種方式造成的植物表皮傷口更大。→薊馬的介紹與防治參考page146

樹木忽然大量落葉的可能原因

　　樹葉是樹木最重要的器官，是行光合作用、製造養分的地方，除了季節性落葉、一年一次的脫葉或換葉，如果不是最嚴重的問題，樹木自己不會大量捨去樹葉。因此樹木不正常大量落葉時，一定有病蟲害發生，可以從新芽蟲害，或是根部病害的方向檢查，這兩處是最有可能發生問題的地方。

防治筆記

主要病蟲害	葉部「薊馬」危害」（纓翅目害蟲Thysanoptera）
其他非傳染性障礙	使用「殺蟎劑」後藥害導致大量落葉
擬定對策	1. 先以化學藥劑防治薊馬 2. 等樹勢恢復後，每年10月及4月噴灑窄域油預防薊馬危害 3. 停止使用「殺蟎劑」避免藥害

CASE 3

樹木移植後為何總無法成活？

異常狀態

　　本案例的紅豆杉，移植時間為8月盛夏，地點位於台北市盆地市區的水泥地，四周高樓林立，加上周圍玻璃帷幕反射的太陽光，使得環境非常乾燥炎熱，且有瞬時高溫出現，對於喜歡生長於陰溼處的紅豆杉極為不利。

觀察
樹木枝條從末端（上方枝條）開始枯萎

觀察
四周高樓林立且有玻璃帷幕反射陽光

檢查
添加大量肥料及開根劑，鹽分過高，容易滋長微生物，有害新生根系生長

植物種類	紅豆杉
學　名	*Taxus* sp.
原生適性	本種紅豆杉是紅豆杉科（Taxaceae）紅豆杉屬（Taxus）的常綠大喬木樹，原生東喜馬拉雅山至中國東南、台灣。台灣分布中高海拔、1000～2000公尺淺山背陽面山谷之森林中，喜歡生長於較陰溼之處。紅豆杉因木材顏色呈紅豆色而得名，顏色質地高貴，故被用來製作古時官員面聖手持的奏板，或宗教儀式之木劍。另外近代發現其樹皮及葉含有紫杉醇，可供藥用抗癌，所以盜採嚴重。

📖 記錄與鑑定

1. 葉片

▶葉片失水乾枯

　　在盛夏、高溫期移植樹木，樹木的水分會經由葉片的氣孔大量蒸散，導致樹木短時間內失去大量水分；同時因為剛剛移植，根系受損更使得水分吸收量降低，一但水分供給及蒸散無法平衡，樹木枝條末端（上方枝條）就會開始枯萎，甚至造成整株樹木死亡。

2. 樹幹

▶維管束組織死亡

　　原種植於陰涼處之樹木，樹幹木栓層較薄，樹皮若經強烈陽光直射，亦可能導致維管束組織死亡，使水分供給停止。

在盛夏、高溫期移植樹木，水分大量蒸散，加上剛剛移植使得根系受損，導致水分吸收量降低，造成樹木快速死亡。

3. 樹幹基部及根部

▶根系受損嚴重

　　除了葉片及根系的水分蒸散及供給平衡以外，根系所在之土壤的微生物菌量是另一關鍵，高溫潮溼有利於微生物生長，微生物數量越多，根系死亡越多，且新生根系越少。其餘肥料及開根劑的多寡則是次要因素，使用不慎反而有害。

4. 原照護情況

原移植慣例一直添加大量肥料及開根劑，鹽分過高反而容易滋長微生物，有害新生根系生長，導致移植樹木一直死亡。

原移植慣例一直添加大量肥料及開根劑，鹽分過高反而容易滋長微生物。　　吸收根系死亡。

◎ 擬定防治對策

　　針對本樹木於8月盛夏移植，擬定「確定排水沒問題、確保移植樹木土球完整、保持土壤溼度、減少土壤菌量、減少修剪、減少葉面水分蒸散」六項準則。

1. 確定排水沒問題

首先確保盆器底部排水孔通暢，並墊有塑膠網及大孔隙排水介質，讓多餘的水分能往下排出。

墊塑膠網（左圖）及大孔隙排水介質（右圖）。

268

2. 確保移植樹木土球完整

　　移植樹木土球內有樹木僅存的根系，土球一旦破裂連帶也會傷害根系。因此除了保護土球完整的麻線及麻布包裹外，運送時務必要再包裹塑膠布，以免意外破裂。種植時，連同包裹的麻線及麻布一齊種下，不必拆除。

運送包裹塑膠布。

種植時連同包裹的麻線及麻布一齊種下。

3. 保持土壤溼度

　　移植盆器的土壤使用與樹木原生地相同的土壤，上方再覆蓋有機質及樹皮，以保持土壤溼度，避免水分及溫度劇烈變化。

使用與樹木原生地相同的土壤。

4. 減少土壤菌量

　　移植後，依樹冠範圍做一集水坑，多次施用殺菌劑並充分澆水，使藥液充滿樹木土球及周邊土壤，降低菌量幫助發根。

依樹冠範圍做一集水坑，施用殺菌劑並充分澆水。

5. 減少修剪

移植樹木葉部的多寡與發根量成正比，因此減少枝條及葉片的修剪有助於發根。

6. 減少葉面水分蒸散

減少修剪，意味著保留較多葉片，因此葉面水分的蒸散也會增加。所以，移植後，每天多次噴溼葉片、枝條及樹幹，以減少蒸散。

移植成功！ 加強根部保護，移植後 2 個月後冒出新芽，順利生長！

Before

移植後生長異常而死亡

正確移植1個月

在 8 月盛夏移植，原生在高冷地，甚至沒有經過斷根作業的紅豆杉，經過充分照顧，1 個月後便可見新生根系遍布盆器。

正確移植2個月

2 個月後便可見新芽冒出，順利生長，並且沒有損失任何小枝條及大分枝。

防治筆記

主要病蟲害	根系土壤之有害微生物	
其他非傳染性障礙	維持葉片及根系的水分蒸散及供給平衡	
擬定對策	1. 確定排水沒問題	4. 減少土壤菌量
	2. 確保移植樹木土球完整	5. 減少修剪
	3. 保持土壤溼度	6. 減少葉面水分蒸散

After

解決了根部問題，水分供應充足，紅豆杉終於移植成功。

種植喜陰涼潮溼的景觀花木，要如何特別照顧？

一般來說，植物感受溫度的地方是根部，也就是只要「根溫」控制妥當，即便是氣溫炎熱，植物依然能不受影響的生長。所以在炎熱的夏天時，於土壤上面添加一層樹皮或蛇木屑，就能達到維持「根溫」陰涼的目的，植物自然就能正常度夏。

都市型、高溫及多雨的環境，較適合栽培的花木

可以優先從台灣原生樹木來選擇，畢竟這些樹木早已經適應台灣的氣候環境，所以存活率也較佳。例如茄苳、台灣欒樹、水黃皮或是光臘樹，這些樹木就算忘了澆水或疏於照顧，依然能呈現強健的生長力。

CASE 4　黑松整棵枯萎，多次施藥仍不見改善？

異常狀態

　　本案例的黑松於某年颱風季，強降雨後豔陽強熱，開始出現缺水狀萎凋，針葉從內而外、由下至上枯萎。照顧者判斷是缺水、缺肥及蟎害，遂增加地下水淹灌、補充化學肥於樹頭，以及噴灑多次葉面肥及殺蟎劑。結果病情愈來愈嚴重。

觀察

針葉從內而外、由下至上枯萎

檢查

發現少許病蟲害：葉震病、蚜蟲及介殼蟲

檢查

根系腐爛嚴重

植物種類	黑松
學　　名	*Pinus thunbergii* Parl.
原生適性	黑松是松科（Pinaceae）松屬（Pinus）的常綠喬木，屬於二葉松類，特徵是針葉二針一束，少數三針一束，毬果鱗片帶刺。原生韓國、日本及台灣，喜歡冷涼氣候，最適合生長溫度為攝氏10～25度，氣溫過高或過低有逆境的耐受力。

📖 記錄與鑑定

1. 葉片

▶葉片嚴重缺水狀萎凋

黑松出現缺水狀萎凋，針葉從內而外、由下至上枯萎。

增加地下水淹灌、補充化學肥於樹頭，以及噴灑多次葉面肥及殺蟎劑。結果病情愈來愈嚴重。

▶發現少量病蟲害

真菌性葉震病

蚜蟲

介殼蟲

針葉檢查病害只有少量，蟲害只有少量的蚜蟲及介殼蟲危害，未見（也從來沒發現過）黑松有葉蟎危害的問題。反倒是噴施殺蟎劑，導致藥害而加快落葉。→介紹與防治參考 page192「葉震病」、page132～137「蚜蟲類」、page108～119「介殼蟲類」

2. 樹幹

經過檢查，排除松材線蟲感染。也未見其他病蟲害。

3. 樹幹基部及根部

▶鹽分過高，多數根系腐爛

根部發現多數根系已經黑化、水浸狀並腐爛，發出惡臭味。

樹木立地環境長期鋪設抑草蓆，土壤硬化與鹽化。同時灌溉的地下水經過檢查含有過多鹽分，電導度值高達 2 dS/cm，加上長期施用開根劑、有機肥、化學肥及葉面肥，土壤表面可見一層白色的鹽類結晶。

4. 原照護情況

黑松於台灣南部種植10餘年，立地環境鋪有抑草蓆，並使用地下水淹灌，例行每年施用多次開根劑、有機肥、化學肥及葉面肥，並且持續噴灑殺蟎劑防治葉蟎。

⦿ 擬定防治對策

改善土壤鹽化，使根部重新生長，並立即停止施用開根劑、肥料及殺蟎劑。等樹勢好轉再防治葉部葉震病、蚜蟲及介殼蟲。

1. 改善土壤鹽化

停止使用地下水灌溉，使用RO水每星期淋洗樹木根域範圍一次，並再檢查確定土壤鹽分降低，再施用少量有機質與殺菌劑，幫助新發根系。移除抑草蓆，讓雜草生長，改善土壤硬化。

使用 RO 水每星期淋洗樹木根域範圍一次。

2. 樹勢好轉後，防治葉部葉震病、蚜蟲及介殼蟲

施用殺菌劑及系統性殺蟲劑，噴施樹木葉部，每月一次，噴施兩次後葉片就沒有再發現病蟲害。

痊癒！ 著手改善土壤鹽化，根系恢復健康後，新芽開始生長！

Before

生長異常

根系腐爛並散發惡臭，由於水分供應出現問題而導致針葉缺水萎凋。

防治3個月

樹木根系開始重新生長。

防治5個月

新芽開始生長，沒有病蟲害侵染，重獲健康。

防治筆記

主要病蟲害	僅少量葉部葉震病、蚜蟲及介殼蟲
其他非傳染性障礙	嚴重的土壤鹽害，包括鹽化的地下水及過度施肥
擬定對策	1. 改善土壤鹽化 2. 樹勢好轉後，防治葉部葉震病、蚜蟲及介殼蟲

After

防治5個月

新芽健康生長，植株恢復綠意。

種植花木要如何避免土壤鹽化？有自行處理的方法嗎？

種植景觀花木或是作物，大多造成土壤鹽化的原因就是過度施肥，同時又澆水不足或是排水不良，鹽分就會累積在土壤之中，造成植物根系死亡。植物可以吸收的肥分都是可溶性鹽類，因此鹽化的土壤可以透過「大量澆水」來「淋洗土壤」，達到減少鹽分的目的。→施肥過多及土壤肥分的測量方法，請參考page221

CASE 5 櫻花的樹幹排出木屑、膠質後萎凋？

異常狀態

本案例的櫻花於夏天生長季時，新芽及小枝條出現萎凋、穿孔及排出木屑，受害枝條不久便萎凋死亡。而較粗的樹幹分枝及主幹，則出現1-2公釐的小孔，也有木屑排出，隨後流出樹液及膠質，隨著時間有越來越多的跡象，導致樹木衰弱，入秋落葉後，在開花前後便快速枯死。

觀察

開花前後快速枯死，枝條斷裂

觀察

較粗的樹幹分枝及主幹，可見排出木屑的小孔

檢查

發現樹幹、葉片有蠹蟲危害，
→施藥防治參考
page240「趕走各種毛毛蟲的方法」

植物種類	櫻花
學 名	*Prunus campanulata*
原生適性	黃櫻花是薔薇科（Rosaceae）梅屬（Prunus）的落葉喬木，有些品種壽命可達百歲，高度可達20公尺。多做為園藝觀用途，花腋生下垂，多數在葉片生長前開花。台灣平地栽培病蟲害多，尤其是根系較弱，在高溫、多雨與排水不良的地區，容易有根腐病發生，導致快速萎凋死亡。一般來說，若植株葉片於生長季受到嚴重病蟲害，無法獲得足夠能量，那麼在花季前後及梅雨季便容易發生根腐病，是死亡的高峰期。

📖 記錄與鑑定

1. 新芽及小枝條

▶咖啡木蠹蛾幼蟲危害

新芽萎凋處，可見有蟲鑽小孔進入幼嫩枝條。

剝開可見枝條中空，內有「咖啡木蠹蛾」（*Zeuzera coffeae* Nietner）危害。

枝條被蛀蝕的部分，水分無法向上運送，造成被咬枝條以上枯萎。咖啡木蠹蛾幼蟲便繼續向上蛀食，形成隧道，而糞便及木屑就從進入口排出。

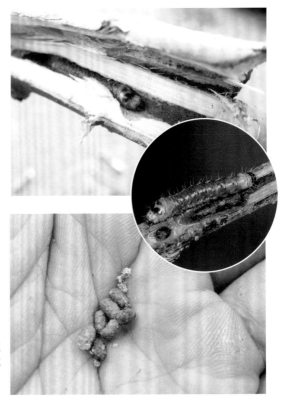

▶樹皮小蠹蟲侵擾

經過檢查可見「樹皮小蠹蟲」（Bark Beetles），是鞘翅目（Coleoptera）象鼻蟲科（Curculionidae）小蠹蟲亞科（Scolytinae）的一種害蟲，近年危害平地櫻花越來越嚴重，尤其是生長不佳、樹勢較弱的樹木。

1 mm

生長不佳、樹勢較弱的樹木，較粗的樹幹分枝及主幹，可見 1-2 公釐的小孔，排出木屑，隨後流出樹液及膠質。

3. 原照護情況

任其生長，並未作任何防治措施。

◉ 擬定防治對策

針對已經鑽入植體內的害蟲，給予系統性殺蟲劑，減少危害程度。同時，針對兩種害蟲之成蟲活動及產卵期，加強防治成蟲，避免其產卵危害。

1. 兩種蠹蟲之成蟲預防性防治

「咖啡木蠹蛾」成蟲出現於4-6月及9-10月，而「樹皮小蠹蟲」成蟲則全年發生，但夏天較多。因此選在4月及9月進行化學合成藥劑防治，減少成蟲數量，避免產卵。

2. 兩種蠹蟲之幼蟲防治

蠹蟲類害蟲一旦鑽入樹木枝條及樹幹內，便難以直接噴施藥劑防治。因此針對已經鑽入植體內的害蟲，給予系統性殺蟲劑，減少危害程度。

痊癒！ 經過兩種策略防治，第 2 年受害樹木的數量明顯減少！

Before

生長異常

開花後，新葉萌發即衰弱（上圖），甚至在開花前後快速枯死，枝條斷裂（下圖）

After

防治第2年

受害的樹木數量明顯減少，且受害者也只有少數1-2枝條被蛀蝕，對整體樹勢危害不大。

櫻花樹木夏季生長旺盛，健康枝條繁多，因此花季就能花開滿樹，順利生長。

防治筆記 🐞

主要病蟲害	咖啡木蠹蛾（*Zeuzera coffeae* Nietner） 樹皮小蠹蟲（Bark Beetles，鞘翅目Coleoptera象鼻蟲科Curculionidae小蠹蟲亞科Scolytinae）
其他非傳染性障礙	無
擬定對策	針對蠹蟲類害蟲，分別進行成蟲預防性防治，以及已經鑽入植體內的幼蟲防治

CASE 6
老龍柏的樹勢衰弱，岌岌可危！

異常狀態

　　本案例之龍柏，身形巨大，是一株有年紀的老樹木，在現地種植已久，但近年樹勢漸漸衰落，每年都乾枯一大枝條，情況愈來愈危急。

觀察

龍柏每年都乾枯一大枝條

檢查

內側與下方葉部發現介殼蟲與煤煙病危害

→介紹與防治參考page108～119「介殼蟲類」、page136「煤煙病」

檢查

樹幹及枝條發現黑色小點病狀

植物種類	龍柏
學　　名	*Juniperus chinensis*
原生適性	龍柏是柏科（Cupressaceae）圓柏屬（Juniperus）的常綠小喬木，樹幹直立生長。樹冠外型為圓筒形，枝條有向上旋捲的特性，就像是盤龍抱柱，故得名龍柏。葉片幼年期為針葉狀，成株則為鱗狀葉。但日照不足、潮溼或是樹幹基部的葉片，成株仍可能出現針狀葉。

📖 記錄與鑑定

1. 葉片

▶介殼蟲與煤煙病危害

龍柏內側、通風不良處的葉部，檢查後發現介殼蟲危害，位置遍布全株，受危害的葉片變黃，隨後乾枯。受害的下方葉片亦有蜜露滴落造成的煤煙病。

2. 樹幹及枝條

▶發現真菌性枝枯病的黑色小點

葉片及枝條上有真菌性枝枯病的黑色小點，並開始乾枯，嚴重者整個大枝條都開始死亡。

3. 樹幹基部及根部

▶根系缺乏有機質而死亡

樹木的根域範圍已經有鋪設樹皮（左圖），但土質缺乏有機質，檢查根系也不見新發根系，甚至有些根系已經開始死亡（右圖）。

4. 原照護情況

固定每週有專人澆水，但沒有做其他特別的照護動作。

⟳ 擬定防治對策

同步防治真菌性枝枯病及介殼蟲，並添加有機質，改善土壤性質。充分澆水。

1. 添加有機質，改善土壤性質

龍柏樹冠下之範圍，將先樹皮鋪面清除，再鋪設泥炭培養土，再將樹皮覆蓋回去。

2. 防治真菌性枝枯病及介殼蟲

使用殺菌劑及系統性殺蟲劑，除了噴灑樹葉、枝條、樹幹及樹基部以外，根域範圍也充分施用藥劑，幫助發根。

3. 充分澆水

透過充分澆水，使得有機質往下沉降，改善土壤性質。水分也有部分淋洗土壤的效果，帶走不良根系生長的物質，當水分往下移動時，也能誘導根系往下發展。

鋪設泥炭培養土，添加有機質。

痊癒！ 找出生病的真正原因並治療 3 個月後，樹木開始重新生長，也不見任何枝條再乾枯死亡！

生長異常

樹勢漸衰，每年都乾枯一大枝條。

防治3個月

僅僅三個月，樹木根系開始重新生長，遍布整個根域範圍。

防治3個月

新芽的開始旺盛生長，也不見任何枝條乾枯死亡，重獲健康。

防治3個月

龍柏老株恢復了以往的青翠。

防治筆記

主要病蟲害	枝條病害：真菌性枝枯病（龍柏枝枯病） 葉片蟲害：介殼蟲
其他非傳染性障礙	立地環境土壤缺乏有機質
擬定對策	1. 添加有機質，改善土壤性質 2. 防治真菌性枝枯病及介殼蟲 3. 充分澆水

CASE 7

為什麼移植的茄苳生長相當緩慢？

異常狀態

　　本株茄苳大齡，經過移植，其立地環境原作為建築基地，土壤經過夯實，有許多級配石礫，有效土壤僅10公分，遠不足所需之50公分。且位置面北面海，東北季風強勁，枝葉生長受限，導致樹木生育情況緩慢。

觀察

無病蟲害，但生育情況緩慢

檢查

打洞發現土壤已硬化且分層嚴重

植物種類	茄苳
學　　名	*Bischofia jabanica* Blume.

原生適性　茄苳是大戟科（Euphorbiaceae）重陽木屬（Bischofia）的大喬木，是台灣原生樹種，分佈於中、低海拔地區。因為是原生樹種，適應力強，而且壽命長，常廣泛作為綠化、行道樹之用。特別的是，由於人造環境植樹常忽略排水，導致其樹種難以存活，這時可以改植耐澇的茄苳，常可以得到很好的效果。

⟳ 擬定防治對策

1. 進行立地環境改良

移除樹木根域範圍表土5公分，並於外圍製作集水坑。

2. 打洞

可見土壤長期硬化，分層嚴重。

3. 添加有機質土壤2500公升，並充分澆水，施用藥劑

4. 以麻布袋覆蓋，保護土壤性質。

痊癒！ 立地環境改良 1 年後，有效土壤深度增加至 20 公分，寬度半徑則達到 2 公尺，根系生長範圍則已經超過 3 公尺以上。

After

立地環境改良一年後

麻布袋鋪面已經完全腐化，僅有少量雜草長出，以土壤壓實度探測器測試，有效土壤深度平均已達
20 公分。

將表土稍微撥開，可見土層之中密布根系，放射狀向外擴散，半徑達 3 公尺以上。

防治筆記

主要病蟲害	無
其他非傳染性障礙	移植地有效土壤深度不足
擬定對策	擬定計畫，依計畫立地環境改良，增加有效土壤深度及廣度，健壯根系。

梅樹生長旺盛，但有徒長、腐朽枝條怎麼處理？

異常狀態

梅樹生育快速，徒長、腐朽等不良枝條甚多，每年需要於秋季、以及花季或採果後修剪2次，將徒長及不良枝條修除，不只可以使樹木生愈強健，也可以調整樹型，符合採果、觀賞需求。而預計修剪的枝條，則可使用高壓枝條的方式，來進行繁殖。

植物種類	梅
學　　名	*Prunus mume* Sieb. et Zucc.
原生適性	梅是薔薇科（Rosaceae）梅屬（Prunus）的落葉小喬木，樹皮深褐色，葉互生，卵形，前端尖，基部鈍，有鋸齒邊緣，冬季開花。喜歡冷涼氣候，最適合生長溫度為攝氏 10-25 度。

⊙ 擬定防治對策　　本案例示範如何進行梅樹高壓枝條繁殖技術。

1. 高壓枝條繁殖

本梅樹側其一枝條腐朽，恐有斷裂之虞，故進行高壓枝條繁殖，誘導發根，以便隨後鋸除移植成新植株。以鑿刀將枝條樹皮之韌皮部及形成層移除。

2. 再以保鮮膜包覆水草

3. 覆蓋避光並加入殺菌劑

4. 定期補水

每周補充水分一次，兩個月後觀察發根情況。

成功發根！

梅樹高壓枝條繁殖兩個月後長出根系。

高壓枝條繁殖兩個月後，叵將避光覆蓋及保鮮膜小心移除，觀察是否有發黴及發根情況。

可見水苔包覆處已有根系長出。

移植成功！ 梅樹高壓枝條繁殖四個月後，待秋冬季另植於盆器進行繁殖。

四個月後

梅樹高壓枝條繁殖四個月後，外觀可見根系已經竄出遮光包覆。

進行移植

待秋冬季，月高溫低於攝氏 25 度時，即可將其鋸下，並修剪多餘枝葉，減少蒸散，另植於盆器進行繁殖。

種入新盆

將遮光覆蓋及保鮮膜小心拆開，可見根系滿佈，小心操作，避免傷害這些根系，將其種入盆器之中。

澆水殺菌

最後充分澆水，並施用少許殺菌劑，以幫助新生根系即完成。

CASE 9 移植的梅樹，生長勢衰弱，而且發生病蟲害！

異常狀態

本株梅樹大齡，經過移植，樹木根系受損嚴重，生長勢日漸衰弱。經過檢查發現，立地環境有諸多生長障礙，影響根系新生，導致水、養分吸收受阻，樹冠葉片生育、光合作用也逐漸衰弱，回過頭來影響根系生長，形成惡性循環。

檢查1

葉片有葉蟬、毒蛾危害。

檢查2

枝幹出現黃斑椿象危害。

檢查3

移植後，因為生長不良的緣故，「救治」使根部多次擾動，不利發根。根基不有鼴鼠挖洞破壞根系生育。

檢查4

移植時，前置作業不良，根系受傷嚴重，且沒有適當的施藥處理。

移植後，立地環境不佳，石礫、水泥塊多，且優良土壤不足，導致排水不良，影響根系新生。

植物種類	梅
學　名	*Prunus mume* Sieb. et Zucc.
原生適性	梅是薔薇科（Rosaceae）梅屬（Prunus）的落葉小喬木，樹皮深褐色，葉互生，卵形，前端尖，基部鈍，有鋸齒邊緣，冬季開花。喜歡冷涼氣候，最適合生長溫度為攝氏 10-25 度。梅的品種很多，本梅樹依樹型分類為「直梅」，依花型分類為「複瓣宮粉梅」。

⟳ 擬定防治對策

1. 移除根域範圍內的石礫、泥，補充優良土壤。

2. 兩側埋入排水管，加強根域範圍排水。

3. 充分澆水，並建立根域範圍，加以保護。

4. 擬定計畫，依計畫長期、逐步進行立地環境改良，健壯根系。

爾後三年持續、逐步擴大根域範圍，並補充土壤。

痊癒！

經過 4 年的養護，梅樹已經健康生長，其根域範圍擴大三倍，樹冠擴大一倍，進入根、葉生長的正向循環，因此，冬季開花情況亦年年優化。

養護第 1 年

養護第 2 年

養護第 3 年

After

養護第 4 年

首年開花情況

首年開花情況，樹冠範圍小，花亦是寥寥無幾。

養護第 4 年花況

冬季開花情況亦年年優化。4 年後,盛開之後,經過一場大雨。花朵如雨一般落了滿地。這顯示梅樹的樹冠已經擴大許多,開花枝條更加茂盛,花量豐厚。

防治筆記

主要病蟲害	鼯鼠、葉蟬、黃毒蛾、黃斑椿象
其他非傳染性障礙	1.移植前置作業不良。 2.立地環境不佳,排水不良。 3.根部多次擾動。
擬定對策	1.防治病蟲害。 2.擬定計畫,依計畫長期、逐步進行立地環境改良,健壯根系。

CASE 10 樹木移植時的「美植袋」未拆開，造成生長障礙

異常狀態

本案「樹木土球包裹根系生長障礙」，藉由兩株移植樹木茶梅及黑松案例，來探討樹木移植時，土球包裹資材未拆，中、長期產生的影響。

一、茶梅

觀察

本樹木已經移植定位 5 年，根部土球包裹的不織布「美植袋」未拆開，短期 1-2 年內，根系在袋內尚有新生空間，生長不見明顯影響。然而 3-5 年後的中、長期，根系生長受阻，獲取水分的能力逐漸下降，水分供應量不足以供應龐大的樹冠枝葉，位於水份運輸末端的葉片及枝條開始耗損，頂端葉片變小、稀疏及黃化。

檢查1

增加地下水淹灌、補充化學肥於樹頭，以及噴灑多次葉面肥及殺蟎劑。結果病情愈來愈嚴重。

檢查2

根部土球包裹的不織布「美植袋」未拆開，導致根部水平生長受到限制，所以可以觀察到靠近樹幹基部的土表附近，竟可發現新生的吸水根，顯示其他地下深處的根系，早已無處生長。

植物種類	茶梅
學　　名	*Camellia sasanqua* Thunb.
原生適性	茶梅是茶科（Theaceae）茶屬（Camellia）的常綠灌木，因花兼具茶花和梅花的特行得名，高度 3 公尺以下，叢生，多分枝，幼枝有短柔毛，老枝則光滑無毛。原生中國、日本及琉球，喜歡冷涼氣候，最適合生長溫度為攝氏 10-25 度。

二、黑松

觀察

本樹木已經移植定位3
年，其土球包裹的不
織布「美植袋」未拆
開，日漸黃化衰弱。

檢查1

被美植袋包覆之根
系，因為排水不
良，染病死亡。死
亡之根系剖面可見
染病發黑之病兆。

植物種類	黑松
學　　名	*Pinus thunbergii* Parl.

原生適性　黑松是松科（Pinaceae）松屬（Pinus）的常綠喬木，屬於二葉
松類，特徵是針葉二針一束，少數三針一束，毬果鱗片帶刺。原
生韓國、日本及臺灣，喜歡冷涼氣候，最適合生長溫度為攝氏
10-25度，氣溫過高或低有逆境的耐受力。

少數竄出美植袋包覆者，也因為根系長期與不織布摩擦，導致異常增生，呈腫瘤狀，吸收能力受限，也比較容易染病死亡。

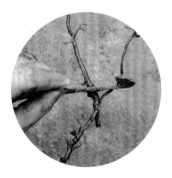

 **救治！** 兩株樹木僅有茶梅一株獲救，但頂端枝條耗損極多，需要長時間養護。

防治筆記

主要病蟲害	無
其他非傳染性障礙	1. 移植時土球包裹不織布「美植袋」未拆，中、長期根系生長受限。 2. 美植袋內土壤排水不良。
擬定對策	下次種植時，確實拆除土球包裹資材，並確實回填土壤並澆水，如發現土壤下陷，應再次補充回填土壤，使根系與土壤緊密接合。 **急救** 已經發生者，可於冬季12-1月將周邊土壤挖開，拆除側面周圍美植袋，底部美植袋可以不用移除，之後再回填土壤，不要拌入其他介質或肥料，完成後設置樹木的根域範圍，確實淨空養護。

移植時，一定要拆掉美植袋嗎？

　　許多人都聽信「美植袋不織布會腐爛，根系也會穿透」這種說法。事實上，移植時，樹木土球的「尿布」不拆開，美植袋的不織布絕對不會腐爛，根系也絕對無法穿透！不要再相信沒有根據的說法了。

我們一起開挖，將厚厚的覆土翻開後，檢查根系。

可以發現美植袋完好無缺，完全沒有腐爛的跡象。

這株五葉松的美植袋未拆而直接種植，經過五年後，生長狀況很差。

用刀片割開底部檢查，發現根系全部在底部纏繞，無法掙脫不織布的束縛。

移植時，需要拆掉包裹土球的塑膠繩嗎？

移植時，包裹土球的塑膠繩，也應該完全拆開，以免後續隨著生長，將會阻礙樹木維管束的水分及養分輸送。

數年後，即因為樹木生長，樹幹膨大而緊勒樹基部，最後產生環狀剝皮，阻礙樹木維管束的水分及養分輸送而死。

種植時，並未拆掉包裹土球的塑膠繩。

附錄　植物常見病蟲害表

危害方式 / 容易威染部位	分類 / 病徵		俗稱	對應本書分類 / 好發時機		黃金葛	鵝掌藤	萬年青
蟲害 — 咀嚼式口器 Chewing mouthparts	軟體動物門 Mollusca		蝸牛、蛞蝓	蝸牛、蛞蝓類 (p50~57)	潮溼、雨後、遮蔽物多	●		
	鞘翅目 Coleoptera		甲蟲、雞母蟲(幼蟲)、跳仔、葉蚤、硬殼龜仔	甲蟲類 (p58~69)	春夏、高溫、乾旱期			
	鱗翅目 Lepidoptera		毛毛蟲	毛毛蟲類 (p70~87)	春秋、密植、開放空間	○		
	膜翅目 Hymenopte		毛毛蟲、葉蜂	毛毛蟲類（葉蜂幼蟲） (p76~79)	春夏、特定植物			
	雙翅目 Diptera		潛葉蠅、畫圖蟲	潛葉蠅類 (p88~91)	全年、乾旱期			
刺吸式口器 piercing-sucking mouthparts	半翅目 Hemiptera	異翅亞目 Heteroptera	椿象、臭蟲、臭腥龜仔	椿象類 (p96~101)	春夏秋、開放空間			
		頸喙亞目 Auchenorrhyncha	葉蟬、跳仔、煙仔、浮塵子	葉蟬類 (p102~103)	春秋、高溫期			
		胸喙亞目 Sternorrhyncha	粉蝨、介殼蟲、粉介殼蟲、蚜蟲、木蝨、白苔仔、白蚊子、白龜神、龜神、黑煙苔(煤煙病)	粉蝨類 (p104~107)	全年、乾旱期、封閉空間			
				介殼蟲類 (p108~119)	全年、乾旱期、封閉空間		●	●
				粉介殼蟲類 (p120~131)	全年、乾旱期、封閉空間			
				蚜蟲類 (p132~137)	全年、高溫、乾旱期			
				木蝨類及造癭害蟲 (p138~147)	春夏、特定植物			
	蛛形綱 Arachnida 真蟎目 Acariformes		白蜘蛛、紅蜘蛛、二斑葉蟎	紅蜘蛛類 (p148~157)	全年、高溫、乾旱期	○		○
病害 — 新芽、葉片	葉片上有白色、灰色的粉狀物。出現黑、灰、褐、黃、紅色的斑點			葉子的病害 (p169~201)	高溫、多溼、通風不良、過度密植、病株未移除、露天雨水噴濺。	●		●
莖、枝條、樹幹	莖部出現斑點、變黑，流出膠狀液體，甚至長出香菇、靈芝。			莖、根部的病害 (p203~217)	割草、修剪、蟲害、機械造成傷口、潮溼、排水不良			

註：本表格列出的植物和病蟲害，都是容易發生、常常見到的。但有些病蟲害食性雜，也會有偶發性的危害，例如蝸牛、甲蟲或粉介殼蟲，常常也會取食一些意想不到的植物。這些偶發性危害在本表格不會列出，但照顧上還是要注意。

●經常發生　○偶爾發生

觀葉類									防法方式
虎尾蘭	棕竹	竹	聖誕紅	常春藤	朱蕉類	竹芋類	椒草類	蕨類植物	
									●保持通風與地面乾燥。 ●於夜間、清晨或是雨後出沒時，使用鑷子夾除。 ●用咖啡渣鋪設在植物盆器周圍。
			○						●露地種植前淹水 2 天，盆器種植前用塑膠袋將土壤裝袋曝曬 1 星期。 ●使用黃色黏紙捕捉成蟲。（黃條葉蚤） ●設置網室隔離設施。
							●		●用鑷子抓走毛毛蟲、抹除產卵。 ●搭設網室，避免成蟲前來產卵。 ●噴灑「蘇力菌」防治。 ●使用黃色黏紙捕捉成蟲。（潛葉蠅）
		○							
			●						●加以清除雜草，可以減少危害。 ●好發時間經常檢查植物，一旦發現害蟲立即進行防治。 ●適度對葉正面、背面噴水，增加溼度，但要注意可能誘發其他病害。 ●使用黃色黏紙，誘引捕捉害蟲。 ●製做橄欖防蟲液、澱粉防蟲液噴灑於蟲體及植株。（p243、244）
●	●	●	○	○	●	○		○	
			○	○		○			
		○			○	○			
●			○		●	●		○	●保持通風，降低溼度。 ●避免過度密植。 ●修剪已經感染的葉片，並集中丟棄，不要堆置在附近。 ●遮雨，避免澆水噴灑葉片。 ●噴灑波爾多液預防。（p248）
									●保持通風，降低溼度。 ●保持莖、莖基部乾燥。 ●加強排水，避免積水，澆水後應於 3 分鐘內排乾。 ●進行外科手術，切除已經感染的部位，並噴灑「波爾多液」或「石灰硫磺合劑」（p247、248）

危害方式 / 容易感染部位	分類	病徵	俗稱	對應本書分類	好發時機	九重葛	金露花	杜鵑花
蟲害 / 咀嚼式口器 Chewing mouthparts	軟體動物門 Mollusca		蝸牛、蛞蝓	蝸牛、蛞蝓類 (p50~57)	潮溼、雨後、遮蔽物多	●		
	鞘翅目 Coleoptera		甲蟲、雞母蟲(幼蟲)、跳仔、葉蚤、硬殼龜仔	甲蟲類 (p58~69)	春夏、高溫、乾旱期			
	鱗翅目 Lepidoptera		毛毛蟲	毛毛蟲類 (p70~87)	春秋、密植、開放空間			
	膜翅目 Hymenopte		毛毛蟲、葉蜂	毛毛蟲類(葉蜂幼蟲) (p76~79)	春夏、特定植物			●
	雙翅目 Diptera		潛葉蠅、畫圖蟲	潛葉蠅類 (p88~91)	全年、乾旱期			
刺吸式口器 piercing-sucking mouthparts	半翅目 Hemiptera	異翅亞目 Heteroptera	椿象、臭蟲、臭腥龜仔	椿象類 (p96~101)	春夏秋、開放空間			●
		頸喙亞目 Auchenorrhyncha	葉蟬、跳仔、煙仔、浮塵子	葉蟬類 (p102~103)	春秋、高溫期			
		胸喙亞目 Sternorrhyncha	粉蝨、介殼蟲、粉介殼蟲、蚜蟲、木蝨、白苔仔、白蚊子、白龜神、龜神、黑煙苔(煤煙病)	粉蝨類 (p104~107)	全年、乾旱期、封閉空間		●	
				介殼蟲類 (p108~119)	全年、乾旱期、封閉空間			
				粉介殼蟲類 (p120~131)	全年、乾旱期、封閉空間	○	○	
				蚜蟲類 (p132~137)	全年、高溫、乾旱期			
				木蝨類及造癭害蟲 (p138~147)	春夏、特定植物			
	蛛形綱 Arachnida 真蟎目 Acariformes		白蜘蛛、紅蜘蛛、二斑葉蟎	紅蜘蛛類 (p148~157)	全年、高溫、乾旱期			
病害 / 新芽、葉片		葉片上有白色、灰色的粉狀物。出現黑、灰、褐、黃、紅色的斑點		葉子的病害 (p169~201)	高溫、多溼、通風不良、過度密植、病株未移除、露天雨水噴濺。			
莖、枝條、樹幹		莖部出現斑點、變黑，流出膠狀液體，甚至長出香菇、靈芝。		莖、根部的病害 (p203~217)	割草、修剪、蟲害、機械造成傷口、潮溼、排水不良			

註：本表格列出的植物和病蟲害，都是容易發生、常常見到的。但有些病蟲害食性雜，也會有偶發性的危害，例如蝸牛、甲蟲或粉介殼蟲，常常也會取食一些意想不到的植物。這些偶發性危害在本表格不會列出，但照顧上還是要注意。

●經常發生　○偶爾發生

| 草花 / 盆花類 | | | | | | | | | 蘭花類 | 防法方式 |
麒麟花	玉蘭花	月橘	長壽花	西印度櫻桃	馬利筋	蜀葵	天使花	紫薇		
						●		○	○	●保持通風與地面乾燥。 ●於夜間、清晨或是雨後出沒時，使用鑷子夾除。 ●用咖啡渣鋪設在植物盆器周圍。
	○							○	○	●露地種植前淹水 2 天，盆器種植前用塑膠袋將土壤裝袋曝曬 1 星期。 ●使用黃色黏紙捕捉成蟲。（黃條葉蚤） ●設置網室隔離設施。
	○			○				●	○	●用鑷子抓走毛毛蟲、抹除產卵。 ●搭設網室，避免成蟲前來產卵。 ●噴灑「蘇力菌」防治。 ●使用黃色黏紙捕捉成蟲。（潛葉蠅）
		○							○	
				○						●加以清除雜草，可以減少危害。 ●好發時間經常檢查植物，一旦發現害蟲立即進行防治。 ●適度對葉正面、背面噴水，增加溼度，但要注意可能誘發其他病害。 ●使用黃色黏紙，誘引捕捉害蟲。 ●製做橄欖防蟲液、澱粉防蟲液噴灑於蟲體及植株。（p243、244）
	●	●	○	○					○	
			●	●					○	
●	○	○		○	●			○		
	○		○	○		●	●		○	
			○			●		●	●	●保持通風，降低溼度。 ●避免過度密植。 ●修剪已經感染的葉片，並集中丟棄，不要堆置在附近。 ●遮雨，避免澆水噴灑葉片。 ●噴灑波爾多液預防。（p248）
									●	●保持通風，降低溼度。 ●保持莖、莖基部乾燥。 ●加強排水，避免積水，澆水後應於 3 分鐘內排乾。 ●進行外科手術，切除已經感染的部位，並噴灑「波爾多液」或「石灰硫磺合劑」（p247、248）

危害方式 / 容易威染部位	分類 / 病徵		俗稱	對應本書分類 / 好發時機		九層塔	秋葵	蕹菜
蟲害 咀嚼式口器 Chewing mouthparts	軟體動物門 Mollusca	蝸牛、蛞蝓	蝸牛、蛞蝓類 (p50~57)	潮溼、雨後、遮蔽物多		●	●	●
	鞘翅目 Coleoptera	甲蟲、雞母蟲(幼蟲)、跳仔、葉蚤、硬殼龜仔	甲蟲類 (p58~69)	春夏、高溫、乾旱期			○	○
	鱗翅目 Lepidoptera	毛毛蟲	毛毛蟲類 (p70~87)	春秋、密植、開放空間			○	○
	膜翅目 Hymenopte	毛毛蟲、葉蜂	毛毛蟲類（葉蜂幼蟲） (p76~79)	春夏、特定植物				
	雙翅目 Diptera	潛葉蠅、畫圖蟲	潛葉蠅類 (p88~91)	全年、乾旱期		●		
刺吸式口器 piercing-sucking mouthparts	半翅目 Hemiptera	異翅亞目 Heteroptera	椿象、臭蟲、臭腥龜仔	椿象類 (p96~101)	春夏秋、開放空間			
		頸喙亞目 Auchenorrhyncha	葉蟬、跳仔、煙仔、浮塵子	葉蟬類 (p102~103)	春秋、高溫期			
		胸喙亞目 Sternorrhyncha	粉蝨、介殼蟲、粉介殼蟲、蚜蟲、木蝨、白苔仔、白蚊子、白龜神、龜神、黑煙苔(煤煙病)	粉蝨類 (p104~107)	全年、乾旱期、封閉空間			
				介殼蟲類 (p108~119)	全年、乾旱期、封閉空間			
				粉介殼蟲類 (p120~131)	全年、乾旱期、封閉空間	○		
				蚜蟲類 (p132~137)	全年、高溫、乾旱期		○	
				木蝨類及造癭害蟲 (p138~147)	春夏、特定植物			
	蛛形綱 Arachnida 真蟎目 Acariformes		白蜘蛛、紅蜘蛛、二斑葉蟎	紅蜘蛛類 (p148~157)	全年、高溫、乾旱期	○		●
病害 新芽、葉片	葉片上有白色、灰色的粉狀物。出現黑、灰、褐、黃、紅色的斑點		葉子的病害 (p169~201)	高溫、多溼、通風不良、過度密植、病株未移除、露天雨水噴濺。		○	○	○
莖、枝條、樹幹	莖部出現斑點、變黑，流出膠狀液體，甚至長出香菇、靈芝。		莖、根部的病害 (p203~217)	割草、修剪、蟲害、機械造成傷口、潮溼、排水不良				

註：本表格列出的植物和病蟲害，都是容易發生、常常見到的。但有些病蟲害食性雜，也會有偶發性的危害，例如蝸牛、甲蟲或粉介殼蟲，常常也會取食一些意想不到的植物。這些偶發性危害在本表格不會列出，但照顧上還是要注意。

作物類										防法方式
高麗菜	甘藷	茄子	小黃瓜	大頭菜	蔥	番茄	草莓	茶	萵苣	
○	○	○	○	○	○	○	○			●保持通風與地面乾燥。 ●於夜間、清晨或是雨後出沒時，使用鑷子夾除。 ●用咖啡渣鋪設在植物盆器周圍。
●	●	●	●	○				○		●露地種植前淹水 2 天，盆器種植前用塑膠袋將土壤裝袋曝曬 1 星期。 ●使用黃色黏紙捕捉成蟲。（黃條葉蚤） ●設置網室隔離設施。
○	●	○		●	●		○		○	●用鑷子抓走毛毛蟲、抹除產卵。 ●搭設網室，避免成蟲前來產卵。 ●噴灑「蘇力菌」防治。 ●使用黃色黏紙捕捉成蟲。（潛葉蠅）
○		○	○	○	○	●			○	
○	●			○				○		●加以清除雜草，可以減少危害。 ●好發時間經常檢查植物，一旦發現害蟲立即進行防治。 ●適度對葉正面、背面噴水，增加溼度，但要注意可能誘發其他病害。 ●使用黃色黏紙，誘引捕捉害蟲。 ●製做橄欖防蟲液、澱粉防蟲液噴灑於蟲體及植株。（p243、244）
		●						○		
○		○	○	○		○	○			
								○		
			○	○						
○	○	○	○	○		○				
	○		○	○ （根蟎）	●	●	●	●		
●	○	○	●				●	○		●保持通風，降低溼度。 ●避免過度密植。 ●修剪已經感染的葉片，並集中丟棄，不要堆置在附近。 ●遮雨，避免澆水噴灑葉片。 ●噴灑波爾多液預防。（p248）
						●	○			●保持通風，降低溼度。 ●保持莖、莖基部乾燥。 ●加強排水，避免積水，澆水後應於 3 分鐘內排乾。 ●進行外科手術，切除已經感染的部位，並噴灑「波爾多液」或「石灰硫磺合劑」（p247、248）

危害方式	容易感染部位	分類	俗稱	對應本書分類	好發時機	薰衣草	迷迭香	薄荷
蟲害	咀嚼式口器 Chewing mouthparts	軟體動物門 Mollusca	蝸牛、蛞蝓	蝸牛、蛞蝓類 (p50~57)	潮溼、雨後、遮蔽物多	○	○	●
		鞘翅目 Coleoptera	甲蟲、雞母蟲(幼蟲)、跳仔、葉蚤、硬殼龜仔	甲蟲類 (p58~69)	春夏、高溫、乾旱期			
		鱗翅目 Lepidoptera	毛毛蟲	毛毛蟲類 (p70~87)	春秋、密植、開放空間			○
		膜翅目 Hymenopte	毛毛蟲、葉蜂	毛毛蟲類（葉蜂幼蟲）(p76~79)	春夏、特定植物			
		雙翅目 Diptera	潛葉蠅、畫圖蟲	潛葉蠅類 (p88~91)	全年、乾旱期			○
	刺吸式口器 piercing-sucking mouthparts	半翅目 Hemiptera 異翅亞目 Heteroptera	椿象、臭蟲、臭腥龜仔	椿象類 (p96~101)	春夏秋、開放空間	○	○	
		半翅目 Hemiptera 頸喙亞目 Auchenorrhyncha	葉蟬、跳仔、煙仔、浮塵子	葉蟬類 (p102~103)	春秋、高溫期			
		半翅目 Hemiptera 胸喙亞目 Sternorrhyncha	粉蝨、介殼蟲、粉介殼蟲、蚜蟲、木蝨、白苔仔、白蚊子、白龜神、龜神、黑煙苔(煤煙病)	粉蝨類 (p104~107)	全年、乾旱期、封閉空間			
				介殼蟲類 (p108~119)	全年、乾旱期、封閉空間	○	○	○
				粉介殼蟲類 (p120~131)	全年、乾旱期、封閉空間	○	○	●
				蚜蟲類 (p132~137)	全年、高溫、乾旱期			○
				木蝨類及造癭害蟲 (p138~147)	春夏、特定植物			
		蛛形綱 Arachnida 真蟎目 Acariformes	白蜘蛛、紅蜘蛛、二斑葉蟎	紅蜘蛛類 (p148~157)	全年、高溫、乾旱期	●	●	○
病害	新芽、葉片	葉片上有白色、灰色的粉狀物。出現黑、灰、褐、黃、紅色的斑點		葉子的病害 (p169~201)	高溫、多溼、通風不良、過度密植、病株未移除、露天雨水噴濺。			
	莖、枝條、樹幹	莖部出現斑點、變黑，流出膠狀液體，甚至長出香菇、靈芝。		莖、根部的病害 (p203~217)	割草、修剪、蟲害、機械造成傷口、潮溼、排水不良	●	●	●

註：本表格列出的植物和病蟲害，都是容易發生、常常見到的。但有些病蟲害食性雜，也會有偶發性的危害，例如蝸牛、甲蟲或粉介殼蟲，常常也會取食一些意想不到的植物。這些偶發性危害在本表格不會列出，但照顧上還是要注意。

●經常發生　○偶爾發生

羅勒	紫蘇	仙人掌、多肉植物類	火漆木	羅漢松	桑	象牙木	破布子	雞蛋花	龍柏	防法方式
○	○									●保持通風與地面乾燥。 ●於夜間、清晨或是雨後出沒時，使用鑷子夾除。 ●用咖啡渣鋪設在植物盆器周圍。
	○									●露地種植前淹水2天，盆器種植前用塑膠袋將土壤裝袋曝曬1星期。 ●使用黃色黏紙捕捉成蟲。（黃條葉蚤） ●設置網室隔離設施。
○	●			○						●用鑷子抓走毛毛蟲、抹除產卵。 ●搭設網室，避免成蟲前來產卵。 ●噴灑「蘇力菌」防治。 ●使用黃色黏紙捕捉成蟲。（潛葉蠅）
○	○	○								
										●加以清除雜草，可以減少危害。 ●好發時間經常檢查植物，一旦發現害蟲立即進行防治。 ●適度對葉正面、背面噴水，增加溼度，但要注意可能誘發其他病害。 ●使用黃色黏紙，誘引捕捉害蟲。 ●製做橄欖防蟲液、澱粉防蟲液噴灑於蟲體及植株。（p243、244）
○	○									
○		●					○		○	
●	●	●	●	○			○		○	
●	○			●						
					●	●	●			
●		●			●			●		
○	●								○	●保持通風，降低溼度。 ●避免過度密植。 ●修剪已經感染的葉片，並集中丟棄，不要置放在附近。 ●遮雨，避免澆水噴灑葉片。 ●噴灑波爾多液預防。（p248）
		●								●保持通風，降低溼度。 ●保持莖、莖基部乾燥。 ●加強排水，避免積水，澆水後應於3分鐘內排乾。 ●進行外科手術，切除已經感染的部位，並噴灑「波爾多液」或「石灰硫磺合劑」（p247、248）

危害方式	容易感染部位	分類	俗稱	對應本書分類	好發時機	白水木	榕樹	櫻花
蟲害	咀嚼式口器 Chewing mouthparts	軟體動物門 Mollusca	蝸牛、蛞蝓	蝸牛、蛞蝓類（p50~57）	潮溼、雨後、遮蔽物多			
		鞘翅目 Coleoptera	甲蟲、雞母蟲(幼蟲)、跳仔、葉蚤、硬殼龜仔	甲蟲類（p58~69）	春夏、高溫、乾旱期		○	○
		鱗翅目 Lepidoptera	毛毛蟲	毛毛蟲類（p70~87）	春秋、密植、開放空間		○	○
		膜翅目 Hymenopte	毛毛蟲、葉蜂	毛毛蟲類（葉蜂幼蟲）（p76~79）	春夏、特定植物			
		雙翅目 Diptera	潛葉蠅、畫圖蟲	潛葉蠅類（p88~91）	全年、乾旱期			
	刺吸式口器 piercing-sucking mouthparts	半翅目 Hemiptera 異翅亞目 Heteroptera	椿象、臭蟲、臭腥龜仔	椿象類（p96~101）	春夏秋、開放空間			
		頸喙亞目 Auchenorrhyncha	葉蟬、跳仔、煙仔、浮塵子	葉蟬類（p102~103）	春秋、高溫期			●
		胸喙亞目 Sternorrhyncha	粉蝨、介殼蟲、粉介殼蟲、蚜蟲、木蝨、白苔仔、白蚊子、白龜神、龜神、黑煙苔(煤煙病)	粉蝨類（p104~107）	全年、乾旱期、封閉空間			
				介殼蟲類（p108~119）	全年、乾旱期、封閉空間		●	○
				粉介殼蟲類（p120~131）	全年、乾旱期、封閉空間	●	●	
				蚜蟲類（p132~137）	全年、高溫、乾旱期			
				木蝨類及造癭害蟲（p138~147）	春夏、特定植物		●（薊馬）	
		蛛形綱 Arachnida 真蟎目 Acariformes	白蜘蛛、紅蜘蛛、二斑葉蟎	紅蜘蛛類（p148~157）	全年、高溫、乾旱期	●		○
病害	新芽、葉片	葉片上有白色、灰色的粉狀物。出現黑、灰、褐、黃、紅色的斑點		葉子的病害（p169~201）	高溫、多溼、通風不良、過度密植、病株未移除、露天雨水噴濺。			○
	莖、枝條、樹幹	莖部出現斑點、變黑，流出膠狀液體，甚至長出香菇、靈芝。		莖、根部的病害（p203~217）	割草、修剪、蟲害、機械造成傷口、潮溼、排水不良	○	○	●

註：本表格列出的植物和病蟲害，都是容易發生、常常見到的。但有些病蟲害食性雜，也會有偶發性的危害，例如蝸牛、甲蟲或粉介殼蟲，常常也會取食一些意想不到的植物。這些偶發性危害在本表格不會列出，但照顧上還是要注意。

●經常發生　○偶爾發生

| 樹木類 | | | | | | | | | | 防法方式 |
光臘樹	黑板樹	樟樹	梔子花	桃	蘭嶼肉桂	肉桂	福木	番石榴	日日櫻	
										●保持通風與地面乾燥。 ●於夜間、清晨或是雨後出沒時，使用鑷子夾除。 ●用咖啡渣鋪設在植物盆器周圍。
●				○				○		●露地種植前淹水 2 天，盆器種植前用塑膠袋將土壤裝袋曝曬 1 星期。 ●使用黃色黏紙捕捉成蟲。（黃條葉蚤） ●設置網室隔離設施。
	●			○				○		●用鑷子抓走毛毛蟲、抹除產卵。 ●搭設網室，避免成蟲前來產卵。 ●噴灑「蘇力菌」防治。 ●使用黃色黏紙捕捉成蟲。（潛葉蠅）
		●								
		●								
				●						
								○		●加以清除雜草，可以減少危害。 ●好發時間經常檢查植物，一旦發現害蟲立即進行防治。 ●適度對葉正面、背面噴水，增加溼度，但要注意可能誘發其他病害。 ●使用黃色黏紙，誘引捕捉害蟲。 ●製做橄欖防蟲液、澱粉防蟲液噴灑於蟲體及植株。（p243、244）
		●	●	○	●	○	●			
			○					●	●	
				○				○		
				○	○	●				
				○	○	○	○			●保持通風，降低溼度。 ●避免過度密植。 ●修剪已經感染的葉片，並集中丟棄，不要堆置在附近。 ●遮雨，避免澆水噴灑葉片。 ●噴灑波爾多液預防。（p248）
		○		●						●保持通風，降低溼度。 ●保持莖、莖基部乾燥。 ●加強排水，避免積水，澆水後應於 3 分鐘內排乾。 ●進行外科手術，切除已經感染的部位，並噴灑「波爾多液」或「石灰硫磺合劑」（p247、248）

請問植物醫生

植物病蟲害圖鑑與防治　2024 年暢銷增訂

作　者	洪明毅
審　訂	孫岩章
社　長	張淑貞
總編輯	許貝羚
主　編	鄭錦屏
封面設計	莊維綺
特約美編	關雅云
行銷企劃	呂玠蓉

發 行 人	何飛鵬
事業群總經理	李淑霞
出　版	城邦文化事業股份有限公司 麥浩斯出版
地　址	115 臺北市南港區昆陽街16號7樓
電　話	02-2500-7578
傳　真	02-2500-1915
購書專線	0800-020-299

發　行	英屬蓋曼群島商家庭傳媒股份有限公司城邦分公司
地　址	115 臺北市南港區昆陽街16號5樓
電　話	02-2500-0888
讀者服務電話	0800-020-299（9:30AM~12:00PM；01:30PM~05:00PM）
讀者服務傳真	02-2517-0999
讀者服務信箱	csc@cite.com.tw
劃撥帳號	19833516
戶　名	英屬蓋曼群島商家庭傳媒股份有限公司城邦分公司

香港發行	城邦〈香港〉出版集團有限公司
地　址	香港灣仔駱克道 193 號東超商業中心 1 樓
電　話	852-2508-6231
傳　真	852-2578-9337
Email	hkcite@biznetvigator.com

馬新發行	城邦（馬新）出版集團 Cite (M) Sdn Bhd
地　址	41, Jalan Radin Anum, Bandar Baru Sri Petaling, 57000 Kuala Lumpur, Malaysia.
電　話	603-9056-3833
傳　真	603-9057-6622
Email	services@cite.my

製版印刷	凱林印刷事業股份有限公司
總 經 銷	聯合發行股份有限公司
地　址	新北市新店區寶橋路 235 巷 6 弄 6 號 2 樓
電　話	02-2917-8022
傳　真	02-2915-6275

版　次	三版 2 刷 2024 年 5 月
定　價	新台幣 550 元／港幣 183 元

Printed in Taiwan

國家圖書館出版品預行編目 (CIP) 資料

請問植物醫生：植物病蟲害圖鑑與防治 / 洪明毅
著. -- 三版 . -- 臺北市：城邦文化事業股份有限
公司麥浩斯出版：英屬蓋曼群島商家庭傳媒股份
有限公司城邦分公司發行, 2023.10
　面；　公分
ISBN 978-986-408-986-4 (平裝)
1.CST: 園藝學 2.CST: 植物病蟲害

435.11　　　　　　　　　　　　　112015653